电池储能电站
运维检测实用技术

国网湖南省电力有限公司电力科学研究院
湖南省湘电试验研究院有限公司
组编

中国电力出版社
CHINA ELECTRIC POWER PRESS

内 容 提 要

电网侧储能技术方兴未艾，标准化、规范化程度低，且构成复杂，给现场运维检修造成了极大困扰，国内外均有不同程度的储能站火灾事故发生，行业发展前景可谓道阻且长。在如此严峻的形势下，国网湖南省电力有限公司电力科学研究院积极发挥职能使命，以确保电网安全稳定运行为己任，基于扎实的储能技术积累，编写了本书。

本书共分7章，分别是电池储能站概述、储能电池及其管理系统、电池储能站功率变换系统运维与检测、储能站监控系统、继电保护及安全自动装置运维与检测、电池储能站设备检测验收、电池储能站整体运行管理。

本书旨在提供电网侧电池储能站运维检测方面的实用技术，以期为相关技术及科研人员提供有益参考，提高全行业运行水平。

图书在版编目（CIP）数据

电池储能电站运维检测实用技术 / 国网湖南省电力有限公司电力科学研究院 湖南省湘电试验研究院有限公司组编 .—北京：中国电力出版社，2020.9（2024.7 重印）

ISBN 978-7-5198-4660-2

Ⅰ. ①电… Ⅱ. ①国… Ⅲ. ①发电厂－电池－储能－研究 Ⅳ. ① TM621 ② TM911

中国版本图书馆 CIP 数据核字（2020）第 078884 号

出版发行：中国电力出版社
地　　址：北京市东城区北京站西街 19 号（邮政编码 100005）
网　　址：http://www.cepp.sgcc.com.cn
责任编辑：王　南（010-63412876）
责任校对：黄　蓓　于　维
装帧设计：王红柳
责任印制：石　雷

印　　刷：北京天泽润科贸有限公司
版　　次：2020 年 9 月第一版
印　　次：2024 年 7 月北京第六次印刷
开　　本：787 毫米 ×1092 毫米　16 开本
印　　张：11.5
字　　数：254 千字
印　　数：3401—3900 册
定　　价：60.00 元

本书编委会

主　　编　徐　浩　严亚兵

副 主 编　朱维钧　欧阳帆

编写组成员　余　斌　李　刚　许立强　梁文武　李　臣　蒋应伟

陈　玉　董国琴　洪　权　臧　欣　吴晋波　刘伟良

熊尚峰　李　理　蔡昱华　张　坤　徐　松　郭思源

尹超勇　刘志豪　王善诺　肖纳敏　李　辉　刘　宇

李大公　潘　伟　刘海峰　张兴伟　黄际元　黄博文

罗磊鑫　王阳光　吴小忠　李振文　谢培元　徐宇新

黄　勇　李　勃　敖　非　刘韬文　霍思敏　曾次玲

刘小海　袁　翔　周　丰　宁春海　唐哲夫　李　静

李慧娇　成在时　段启文　杨　帅　朱艳琴　茹　梁

姜　维　袁超雄　龙崦平　陈瑞珍　陈智龙　付鹏武

向　为　阳　穗　王丽丽　王　哲　艾圣芳　张秋丽

姜雯君　刘友元　何　宁　谭智涵　刘伯鑫　付亚林

张建波　方　青　徐　玲　周良栋　李燕飞　吴雪琴

曾林俊　邹晓虎　肖俊先　向倞龙　王子奕　王　壮

牟秀君　李林山　陈奕明　陈胜春　张　伦　周金刚

朱　可　唐成军　谭　煌　袁　坤

前 言

得益于锂离子应用技术的飞速发展，电池储能站得到了越来越广泛的关注，相关技术、工程经验、运营模式亦日趋丰富，从以新能源电厂、用户侧应用为主，逐步向电网侧大容量储能站模式发展。近年来，国家电网有限公司响应国家相关政策号召，积极开展电网侧电池储能站及包含储能系统的智慧能源站试点，国网江苏、湖南、河南、青海等省级电力公司均有十兆瓦甚至百兆瓦级储能站落地，有力推动了电池储能行业大发展。

电网侧储能技术方兴未艾，标准化、规范化程度低，且构成复杂，给现场运维检修造成了极大困扰，国内外均有不同程度的储能站火灾事故发生，行业发展前景可谓道阻且长。在如此严峻的形势下，国网湖南省电力有限公司电力科学研究院积极发挥职能使命，以确保电网安全稳定运行为己任，基于扎实的储能技术积累，编写了本书。本书旨在提供电网侧电池储能站运维检测方面的实用技术，以期为相关技术及科研人员提供有益参考，提高全行业运行水平。

本书共分7章，分别是电池储能站概述、储能电池及其管理系统、电池储能站功率变换系统运维与检测、储能站监控系统、继电保护及安全自动装置运维与检测、电池储能站设备检测验收、电池储能站整体运行管理，其中，第1、2、4、5章由徐浩主编，第3、6、7章由严亚兵主编，朱维钧和欧阳帆负责全书的校核和技术指导。本书的出版得到了国网湖南省电力有限公司及湖南省湘电试验研究院有限公司的资助，在此表示衷心感谢。电网侧电池储能技术既传统又新颖，加之作者水平有限，书中存在错误和不妥之处在所难免，敬请广大读者批评指正。

编 者

2020.3

目录

电池储能电站
运维检测实用技术

第1章 电池储能站概述

1.1 电池储能站发展现状

储能是智能电网、可再生能源高占比能源系统、能源互联网的重要组成部分和关键支撑技术。随着各国政府对储能产业的支持政策陆续出台，储能市场投资规模不断加大，产业链布局不断完善，商业模式日趋多元，应用场景加速延伸。

1.1.1 总体情况

来自美国能源部全球储能数据库的数据显示，截至2020年2月，全球累计运行的储能项目装机规模173.64GW（共1355个在运项目）。其中，抽水蓄能167.79GW（325个在运项目）；储热2.44GW（206个在运项目）；其他机械储能1.65GW（55个在运项目）；电化学储能1.73GW（760个在运项目）；储氢0.017GW（9个在运项目）。根据美国能源部全球储能数据库的数据，1997～2020年，全世界储能系统装机增长了70%，到170GW左右。如今储能市场在各国政府的政策鼓励下得到了积极的发展，最近几年间新建储能项目及其装机总规模有望增加数倍。

从累计运行的储能规模来看，美中日依旧占据储能项目装机的领先地位，其中美国仍是全球最大的储能市场。美国能源部全球储能数据库数据显示，截至2020年2月，美国储能累积部署达到3.27GW/288.37GWh，日本储能累积部署达到2.80GW/3.86GWh。

中国的储能产业虽然起步较晚，但近几年发展速度令人瞩目。目前，国内储能侧重示范应用，积极探索不同场景、技术、规模和技术路线下的储能商业应用，同时规范相关标准和检测体系。根据中关村储能产业技术联盟（CNESA）全球储能项目库的不完全统计，截至2019年12月底，中国已投运储能项目累计装机规模为31.7GW（含物理储能、电化学储能、储热），同比增长3.6%。其中，电化学储能项目的累计装机规模为1709.6MW，同比增长59.4%，与2018年175.2%的增长率比起来，高速发展的电化学储能装机似乎踩了急刹车，但是2019年636.9MW的新增装机规模，仍然保持了中国储能市场的平稳发展。在各类电化学储能技术中，电池储能累计装机占比最大，比重为58%。

1.1.2 储能技术分类

根据能量存储方式的不同，储能技术主要分为机械储能（如抽水蓄能、压缩空气储能、飞轮储能等），电磁储能（如超导储能、超级电容等），电化学储能（如锂离子电池、钠硫电池、铅酸电池、镍镉电池、锌溴电池、液流电池等），储热，储氢等类别。不同储能技术，在寿命、成本、效率、规模、安全等方面优劣不同。同时，由于具体条件不同，储能目的各有差异，储能方式的选择还取决于对发电装机、储能时长、充电频率、占地面积、环境影响等诸多方面的要求。

近年来储能技术不断发展，许多技术已进入商业示范阶段，并在一些领域展现出一定的经济性。以锂电、铅酸、液流为代表的电化学储能技术不断发展走向成熟，成本进一步降低；以飞轮、压缩空气为代表的机械储能技术也攻克了材料等方面的难关，产业化速度正在加快；以锂硫、锂空气、全固态电池、钠离子为代表的新型储能技术也在不断发展，取得了技术上的进步。总体来看，机械储能是目前最为成熟、成本最低、使用规模最大的储能技术，电化学储能是应用范围最为广泛、发展潜力最大的储能技术。目前，全球储能技术的开发主要集中在以电池储能为代表的电化学储能领域。

1.1.3 储能应用及商业模式

储能在电力领域主要应用于可再生能源并网（专指在集中式风电场和光伏电站的应用）、电力输配、辅助服务、分布式发电及微电网等领域。在国内实践中，受限于储能站容量较小，新型储能的主要盈利模式主要是通过峰谷电价差套利，较为单一，目前正在探索多种商业化应用模式。

2017 年及以前储能站主要应用于集中式可再生能源并网和用户侧。2018 年开始，国家电网有限公司（简称国网公司）规划安装应用电池储能的力度不断加大，电网侧储能开始快速发展。在以江苏、河南、湖南等为代表的省网区域，许继集团、山东电工、平高集团等国家电网下属公司作为投资建设主体，在输配电站批量化建设百兆瓦级电池储能站。据中关村储能产业技术联盟项目库统计，2018 年以来公布的电网侧电池储能项目（含规划、在建、投运）总装机容量已经超过 230MW。

电池储能系统在电网侧的应用主要包括以下两方面：一方面是作为输电网投资升级的替代方案（延缓输电网的升级与增容），提高关键输电通道、断面的输送容量或提高电网运行的稳定水平，降低或延缓为应对负荷增长和电源接入而增加的输变电设备投资。另一方面是在相关政策和市场规则允许的条件下接入配电网，提高配电网运行的安全性、经济性、可靠性和接纳分布式电源的能力，以及为大电网提供调频、备用等辅助服务。当然，与在输电网的应用类似，储能系统接入配电网也可以减少或延缓配电网升级投资。

1.1.4 储能市场发展趋势

1. 储能市场空间广阔

全球各大机构对未来全球及中国的储能市场规模预测显示，储能市场发展潜力巨大。综合各方预测，到 2030 年，全世界储能装机有望增至目前的 3 倍。储能增长的动力主要来自可再生能源的推广和对电力系统要求的提升。预计可再生能源发电、分布式电源、智能电网和电动汽车市场的发展将带动全球储能市场进一步增长。

国际可再生能源署（IRENA）在其展望报告《电力储存与可再生能源：2030 年的成本

与市场（Electricity Storage and Renewables：Costs and Markets to 2030）》的基本预测情景中提出，到 2030 年，全球储能装机将在 2017 年基础上增长 42%～68%，如果可再生能源增长强劲，那么储能装机增长幅度将达到 155%～227%。届时，可再生能源（不含大型水电站）在全球终端能源消费中的占比将提高一倍，达到 21%。

2. 储能技术期待突破

储能的迅速发展有赖于储能技术的革新带动成本大幅度下降。随着储能规模化的推广和应用，电池储能系统的性能和成本逐渐成为影响行业快速发展的瓶颈问题。围绕高能量密度、低成本、高安全性、长寿命的目标，各国都在制订研发计划提升本国储能电池的研发和制造能力。IRENA 预计，到 2030 年，储能电池成本将降低 50%～70%，同时无严重损耗下的使用期限和充电次数将明显提升。虽然无论是 IRENA 还是国际能源机构（IEA）都认为储能电池不会在短时间内大规模地取代电力系统现有的调峰力量，但是储能电池在电力系统调频方面具有优势，并且各种规模的储能电池都可以实现相对较为快速的生产和建设。面向未来 10 年，储能电池的技术发展路线将逐渐清晰。

此外，储能电池技术的发展还直接决定了电动汽车的前景。随着电动汽车的应用普及和动力电池的大规模退役，会加速退役电池储能市场的兴起。目前新电池成本比较高，是限制储能大规模推广应用的重要原因，而梯次利用能降低储能的工程造价、降低项目的投资成本、减少回本周期，同时比较环保，有良好的经济社会价值。虽然梯次利用技术现阶段尚不成熟，但可以预见，梯次利用将为储能系统带来新的发展方向，也将成为储能技术新的研发方向。

3. 配套政策打开市场

长远来看，开放、规范、完善的电力市场是储能真正发挥优势的舞台。目前，我国辅助服务市场依然在探索期，有利于储能发挥技术优势的电力市场机制尚未形成，各个地方政策关于电力辅助服务定价、交易机制尚未完善，电力市场需要突破原有辅助服务补偿和分摊的局限性，构建公平交易平台，这样势必会有更多元、更先进的辅助服务技术进入市场，进而在提升市场运行效率的同时，有效保障电网的安全运行。

未来电储能行业的发展，还要看各项配套政策的出台及落地情况。国家层面的配套政策应加快推进电力现货市场、辅助服务市场等市场建设进度，通过市场机制体现电能量和各类辅助服务的合理价值，给储能技术提供发挥优势的平台。

4. 催生新型商业模式

微电网、增量配网、能源互联网与多能互补相继试点。在政策支持逐步明朗的背景下，基于对产业前景的稳定预期，光伏、分布式能源、电力设备、动力电池、电动汽车等企业加大布局力度，纷纷进入储能市场，进一步探索具有盈利性的商业模式。目前，储能产业几乎遍布全国所有省份，分布式可再生能源迅猛发展，储能项目规划量极大增长，应用领域多元创新。在相关政策的支持下，储能应用领域更加明晰，商业模式更加丰富，储能厂商、用户单位和投融资机构联手积极拓展储能的应用市场，探索储能的多种应用模式，大力推动储能的商业化应用。

5. 加速能源企业转型

在全球能源转型的背景之下，一方面，电力企业针对日渐式微的传统供电方式，积极调整现有运营业务，将来自终端用户侧的不同储能需求作为新的增长点，向整合分布式能源、推动分布式能源服务市场的方向发展，并提供电力交易、市场运营、配网优化等综合能源服务。储能已在电力企业新业务中居于很高的地位。另一方面，储能企业结合市场需求调整自身业务，以更加经济有效的形式开展经营业务，最大化发挥自身优势。例如美国施恩禧电气公司不再生产储能变流器（Power Conversion System，PCS），将专注于微网和电网级储能系统集成业务领域；梅赛德斯—奔驰，停止家用储能电池生产，专注于电网级储能应用；德国光伏储能厂商尤尼科斯推出“储能即服务”模式，满足用户的即时储能需求等。

1.2　电池储能站的基本结构

国内投运的电池储能站多为三电平结构，由数量众多的储能变流器并联形成大容量规模。这种结构的优点在于结构清晰、检修方便、供电可靠性高，但也面临着设备数量多、功耗及成本高的问题。一些厂家已经在攻关模块化多电平储能技术，但鲜有实例。因此本书提到的电池储能站主要指当下广泛应用的三电平电池储能站。典型三电平储能站外景图如图 1-1 所示。

图 1-1　典型三电平储能站外景图

从一次设备角度讲，电池储能站主要由电池堆、储能变流器、升压干式变压器及必要连接开关、电缆构成。电池堆与电网通过储能变流器和升压干式变压器相连，实现功能的四象限传输。从二次设备角度讲，电池储能站主要由电池管理系统（Battery Management System，BMS）、储能变流器控制器、能量管理系统（Energy Management System，EMS）三部分构成，当然还包括独立二次和辅控系统。在电池储能站所应用的技术中，储能变流器技术属于较成熟技术，在新能源领域已经获得了广泛地应用。制约储能技术发展的短板主要在电池技术，包括 SOC 标定、运行稳定性、均衡充放电技术等。电化学储能站结构示意如图 1-2 所示。

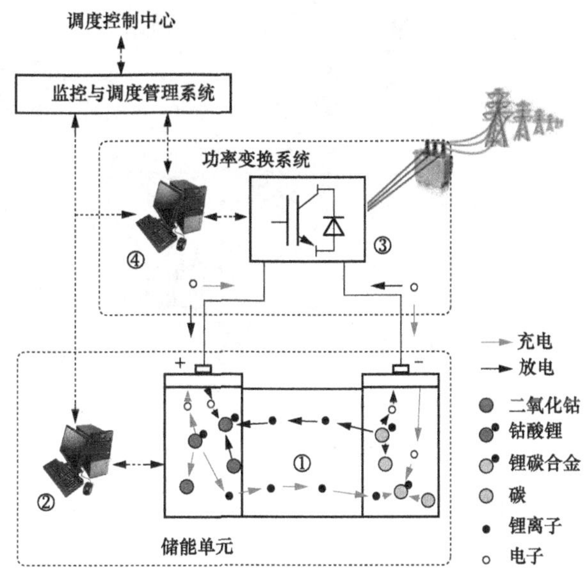

图 1-2 电化学储能站结构示意

①—储能电池组；②—电池管理系统；③—储能变流器；④—变流器控制系统

1.3 电池储能站发展面临的困难

在储能站技术起步并迅猛发展的当下，电池储能站面临着巨大的考验，主要原因是近年来全球范围内多次报道出电池储能站起火的事故。事故现场损坏程度触目惊心，已成为阻碍电化学储能产业发展的阴云。公开报道资料显示，美国、韩国多次发生电池储能站火灾，国内虽然严抓严管，也发生了多起类似事故。电池储能站火灾分别如图 1-3 和图 1-4 所示。

图 1-3 电池储能站火灾现场

图 1-4　电池储能站火灾事故后的现场

2019 年 4 月 19 日，消防队员接到火警，位于亚利桑那州 West Valley 的亚利桑那州公共服务公用事业公司（APS）储能设施起火。据报道，火灾发生在 6 时左右。不久之后，APS 公司在次日 12 时 6 分发布消息，声称该储能设施发生了设备故障。2018 年全球新增电化学储能装机中，韩国几乎占据全球半壁江山，占比 45%，然而危险和机遇总是相伴而生，自 2018 年 5 月以来，韩国储能行业发生了 23 起严重火灾。从 2018 年 12 月 27 日起韩国政府着手调查事故原因，近 5 个月内储能设备都被要求停机以防止人员伤亡。LG 化学公司、三星 SDI 公司和 LS 工业系统公司等储能企业由于政府多次推迟公布火灾原因而陷入经营危机。LG 化学在 2019 年第一季度总共损失了 1200 亿韩元，其他公司的利润也大幅下降。韩国整个储能行业估计已经遭受了 2000 亿韩元的损失。

国内在电池储能站快速发展的同时，由于电池、PCS 质量问题或者系统集成商施工能力良莠不齐，电池储能站火灾隐患较重，起火事故频现。最严重的要数镇江扬中某用户侧储能项目，项目中的磷酸铁锂电池集装箱起火并烧毁。

火灾频发充分暴露了电池储能站运维管理的重要性，在技术尚不成熟但项目众多的情况下，提高电池储能站运维检测技术水平，对电池储能站的安全稳定运行至关重要。

第 2 章 储能电池及其管理系统

随着近几年锂电池技术的飞速发展，锂电池系统的应用场景也越来越多样化。结合电动汽车的普及以及光伏系统大面积建设，储能系统对于电网侧以及用户侧来说都将成为不可或缺的能源系统部件。电池管理系统（Battery Management System，BMS）是储能系统核心，能够实时监控、采集电池模组的状态参数（包括但不限于单体电池电压、电池模组内温度、电池回路电流、电池组端电压、电池系统绝缘电阻等），对相关状态参数进行必要的计算、处理，得到更多的系统参数，并根据特定控制策略实现对电池系统的有效控制，保证系统的安全可靠运行。BMS 可以通过自身的通信接口、模拟/数字输入和输出接口与外部其他设备（变流器、能量管理单元、消防等）进行信息交互，形成整个储能系统的联动，系统利用所有组件通过可靠的物理及逻辑连接高效、可靠地完成整个储能系统的监测、控制。

2.1 术 语 说 明

为方便读者理解，电池相关术语如下：

单体电池：由电极和电解质组成，构成电池组的最小单元，能将所获得的电能以化学能的形式贮存及将化学能转为电能的一种电化学装置。

电池模块：多节单体电池通过电气方式串并联，组成一个电池模组。

电池箱：由多个电池模块串联，采用外壳包裹，常使用一个电池管理系统从控电池包管理单元进行采集、管理。

电池簇：由若干个电池箱串联，并与电路系统相联组成的电池系统，电路系统一般由监测、保护电路、电气、通信接口及热管理装置等组成。

电池堆：多个电池簇通过继电器并联，达到增加容量效果。常规每个电池堆与一个PCS 进行匹配，构成三级储能系统。

BMS：电池管理系统，用于对蓄电池充、放电过程进行管理，提高蓄电池使用寿命，并为用户提供相关信息的电路系统的总称。

电池包管理单元（Battery Management Unit，BMU）：具有监测电池模块内单体电池电压、温度的功能，并能够对电池模块充、放电过程进行安全管理，为蓄电池提供通信接口的系统。BMU 是电池管理系统（BMS）的最小组成管理单元，通过通信接口向电池簇管理系统提供电池模块内部信息。

电池控制单元（Battery Control Unit，BCU）：属于电池控制单元，对应电池簇是由电子电路设备构成的实时监测与管理系统，有效地对电池组充、放电过程进行安全管理，对可能出现的故障进行报警和应急保护处理，保证电池安全、可靠、稳定运行。

电池堆管理单元（Battery Administrator Unit，BAU）：属于 BMS 上层管理单元，对应电池堆，通过内部 CAN 总线获取 BCU 上报的电压、温度、电流、绝缘、继电器状态信息，通过内部 RS485 总线与监控屏通信，在监控屏上实时显示储能系统的状态，并通过外部通信接口与 PCS、EMS 等设备通信，配合整个储能系统的充放电控制。

被动式均衡（Passive Balancing）：指通过电阻对电池进行放电，以减少电池间的容量和电压差，保持不同电池间电量一致性的方式。

主动式均衡（Active Balancing）：指通过电感、变压器、电容等器件在电池间进行能量的转移，以减少电池间的容量和电压差，保持不同电池间电量一致性的方式。

电池荷电状态（State Of Capacity，SOC）：电池当前实际可用电量与额定电量的比值。

电池健康状态（State Of Health，SOH）：电池当前可放电总电量与额定电量的比值。

2.2 电池管理系统整体架构

大容量电池储能站电池管理系统（BMS）由 BMU、BCU 和 BAU 三个部分构成，各部分系统分级交互，共同实现对全站电池系统的状态监测、策略控制、告警响应、保护动作等功能。BMS 总体架构图如 2-1 所示。

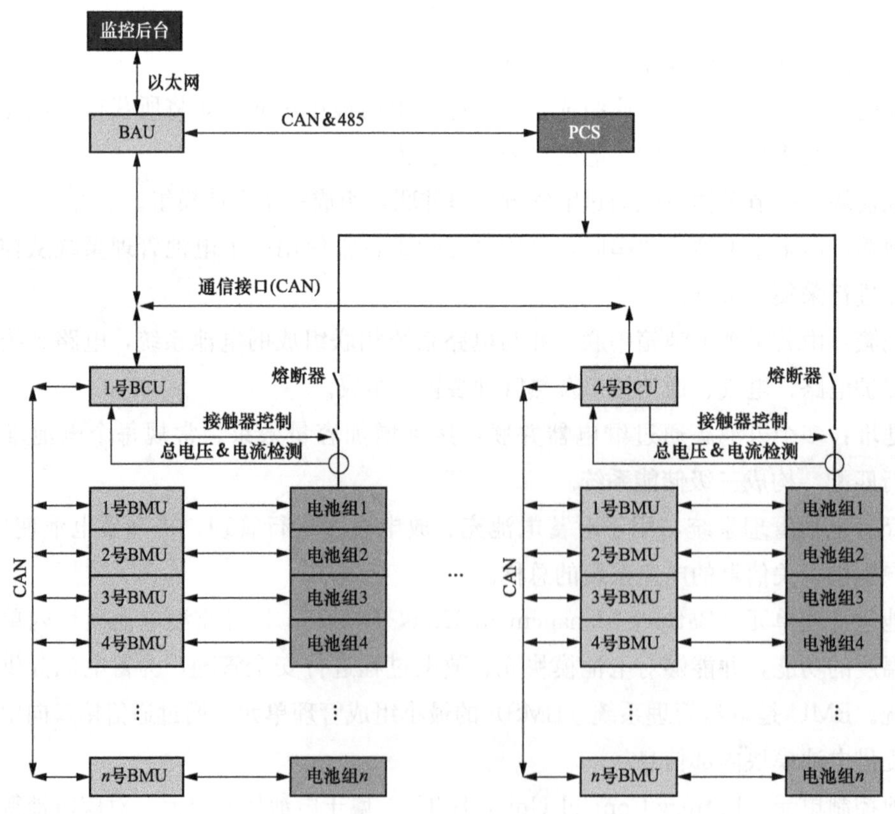

图 2-1　BMS 总体架构图

BMU 是电池管理系统 BMS 的最小组成管理单元，通过通信接口向电池簇管理系统提供电池模块内部信息。

BCU 是电池管理系统的中间层级，向下收集电池包管理单元 BMU 信息，并向上层电池堆管理单元 BAU 提供信息。

BAU 是电池管理系统的最高层级，向下连接电池簇管理系统，并提供与监控后台、PCS、EMS 的对外通信接口。

2.3 电池包及 BMU

2.3.1 储能电池工作原理及特性

电池包是电池系统的最小集成模块，由一定数量的电池单体通过串/并联的方式构成。储能电池种类有很多，其中锂离子电池能量密度高、电压幅度高、循环寿命长，是目前储能电池最好的选择。锂离子电池以碳素材料为负极，以含锂的化合物作正极，没有金属锂存在，只有锂离子，通过锂离子的嵌入和脱嵌实现充放电。当对电池进行充电时，电池的正极上有锂离子生成，生成的锂离子经过电解液运动到负极。而作为负极的碳呈层状结构，它有很多微孔，达到负极的锂离子就嵌入碳层的微孔中，嵌入的锂离子越多，充电容量越高。同样，当对电池进行放电时（即我们使用电池的过程），嵌在负极碳层中的锂离子脱出，又运动回正极，回正极的锂离子越多，放电容量越高。单体电池常规参数见表 2-1。电池包参数见表 2-2。

表 2-1　单体电池常规参数

序号	项　目	规　格
1	电池种类	能量型磷酸铁锂离子电池
2	电池型号	ZTT27173200
3	标称容量	86Ah
4	标称电压	3.2V
5	交流内阻	≤0.6mΩ
6	外形尺寸（厚×宽×高）	27mm×173mm×200mm
7	重量	1980±100g
8	最大工作温度范围	充电－10～45℃；放电－20～55℃
9	最佳工作温度范围	充电 15～35℃；放电 15～35℃
10	储藏温度	1 个月内－40～45℃；6 个月内－20～35℃
11	充电倍率（20～80SOC）	2C 持续（15～45℃）
12	放电倍率（20～80SOC）	2C 持续（15～45℃）
13	充电终止电压	3.65V
14	放电终止电压	2.5V

表 2-2　　电池包参数

电池包图	规格	单位	参数
	组成	—	12S4P
	尺寸（$L\times W\times H$）	mm	580×660×240
	重量	kg	120
	标称容量	Ah	344
	标称能量	kWh	13.2
	标称电压	V	38.4
	运行电压范围	V	33.6～42.6
	持续放电功率	kW	6.6
	充电方式	恒压	限压 42.6V 或单体≥3.65V 切断

充电是电池重复使用的重要步骤，锂离子电池的充电过程分为两个阶段：恒流快充阶段和恒压电流递减阶段。在恒流快充阶段，充电电流恒定，电池电压逐步升高到电池的标准电压；随后进入恒压电流递减阶段，此时，充电电压被控制恒定不变，电流则随着电池电量的上升逐步减弱到设定的值，完成充电。充（放）电量等于充电电流乘充（放）电时间。在充电控制电压一定的情况下，充电电流越大充电速度越快，充电电量越小，即电池充电速度过快会造成电池容量不足，原因是电池的部分电极活性物质没有得到充分反应就停止充电。这种充电不足的现象随着循环次数的增加而加剧。

锂离子电池在多次使用后，放电曲线会发生改变，锂离子电池虽然不存在记忆效应，但是充、放电不当会严重影响电池性能。锂离子电池过度充放电会对正负极造成永久性损坏。过度放电导致负极碳片层结构出现塌陷，而塌陷会造成充电过程中锂离子无法插入；过度充电使过多的锂离子嵌入负极碳结构，而造成其中部分锂离子再也无法释放出来。

此外，锂离子电池由于材料体系及制成工艺等诸多方面因素的影响，存在发生内短路的风险。虽然锂离子电池在出厂时都已经经过严格的老化及自放电筛选，但由于过程失效及其他不可预知的使用因素影响，依然存在一定的失效概率导致使用过程中出现内短路。对于动力电池，其电池组中锂离子电池多达几百节甚至上万节，大大放大了电池组发生内短的概率。由于动力电池组内部所蕴含的能量极大，内短路的发生极易诱发恶性事故，导致人员伤亡和财产损失。

为确保储能站运行安全，对于锂离子电池安全性能的考核指标，国际上规定了非常严格的标准，一只合格的锂离子电池在安全性能上应该满足以下条件：

（1）短路：不起火，不爆炸。

（2）过充电：不起火，不爆炸。

（3）热箱试验：不起火，不爆炸（150℃恒温 10min）。

（4）针刺：不爆炸（用 ϕ3mm 钉穿透电池）。

（5）平板冲击：不起火，不爆炸（10kg 重物自 1m 高处砸向电池）。

（6）焚烧：不爆炸（煤气火焰烧烤电池）。

2.3.2 BMU

BMU 是作为储能电池管理系统的底层单元，对电池组安全使用和延长寿命具有决定性作用。BMU 负责电池包管理，具备包内各单体电池电压、温度等信息采集、包内电池均衡、信息上送、热管理等功能。当监测到故障时，BMU 可对单体电压过高、单体电压过低、单体电压差压、温度过高、温度过低、温度差值过大、充电电流、放电电流等异常现象报警，且报警层级均开放设置。BMU 规格参数见表 2-3。

表 2-3　BMU 规格参数

BMU 型号		ZTT-ES-16A-BMU（16S）
电池规格		12 节
温度检测	检测数量	4 个温度
	检测精度	±2℃
	检测范围	−40～85℃
电压检测	检测数量	16 个电芯
	检测精度	±3mV
	检测范围	0～5V
均衡类型		被动均衡
均衡模式		在充电过程实施放电均衡
均衡电流（mA）		≤80
SOC 精度（%）		8
通信接口		CAN
BMU 供电		24VDC
BMU 功耗（W）		≤2.5

2.4 电池簇及 BCU

电池簇由一定数量的电池包串联构成，其拓扑结构如图 2-2 所示。电池簇规格参数见表 2-4。

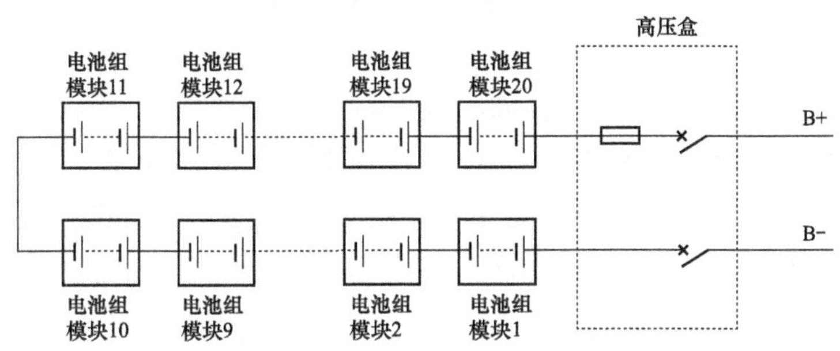

图 2-2　电池簇的拓扑结构图

表 2-4　　　　电池簇规格参数

电池簇图片	机架及组合	单位	参　数
	组成	—	240S4P
	主要部分	EA	20 个电池模组放置在 3 个电池架上
	尺寸（$L\times W\times H$）	mm	2010×655×2200
	重量	kg/簇	2500
	额定容量	Ah	344
	额定能量	kWh	264.192
	额定电压	VDC	768
	运行电压	VDC	720～840
	持续放电功率	kW	132（0.5C 倍率）
	标准充电方式	恒压	限压 840V 或单体≥3.65V 切断

BCU 负责管理对应电池簇内的全部 BMU，同时具备电池簇的电流采集、总电压采集、漏电检测，并在电池组状态发生异常时驱动断开高压功率接触器，使电池簇退出运行，保障电池使用安全。同时，在 BMS 的管理下可单独完成容量标定和 SOC 标定，通过自身算法，得出经校正后的最新电池系统容量和 SOC 标定值，并以此作为后续电池充放电管理的依据。经此得出 SOC 值误差小及在长时间累积过程中会避免 SOC 误差放大的现象。BCU 规格参数见表 2-5。

表 2-5　　　　BCU 规格参数

SBCU 主控制器型号	ZTT-ES-16A-BCU
电流采样范围	－500～500A
电流采样精度	0.5%FSR
总电压测量范围	0～1200V
总电压检测精度	＜0.5%FSR（FSR：满量程）
绝缘监测	分三级，0：无故障（＞1500Ω/V），1：一般故障（300～1500Ω/V），2：严重故障（＜300Ω/V）
通信接口	CAN×2
SBCU 供电	24VDC
SBCU 功耗	≤2.5W

2.5　电池堆及 BAU

电池堆由一定数量的电池簇并联构成，其典型拓扑结构如图 2-3 所示。

BAU 是电池管理系统的总成控制模块，连接 BCU，与 PCS 和 EMS 通信。其主要功能包括：①电池组充放电管理；②BMS 系统自检与故障诊断报警；③电池组故障诊断报警；④各种异常及故障情况的安全保护；⑤与 PCS、EMS 等的其他设备进行通信；⑥数据存储、传输与处理，系统最近的报警信息、复位信息、采样异常信息的存储，可以根据需要导出存储的信息；⑦大数据存储与处理，系统的所有采集信息、报警信息、复位信息以及各种异常信息的存储（存储容量大小也是选配）强大的系统自检功能，保证系统自身的正常工作；⑧无线数据传输功能。BAU 规格参数见表 2-6。

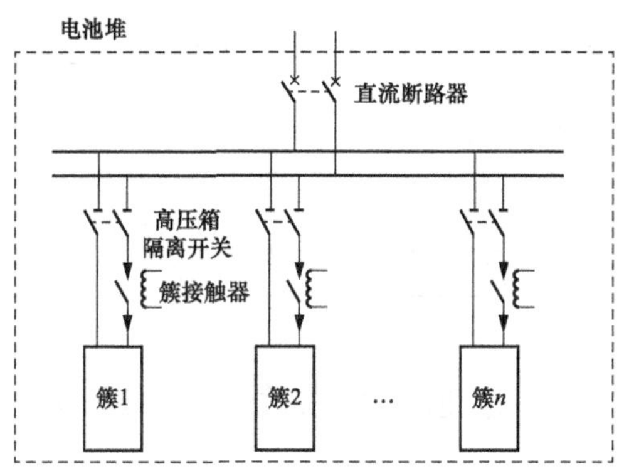

图 2-3　电池堆典型拓扑结构

表 2-6　BAU 规格参数

储能系统管理服务器 SBAU	
通信接口	RS485×1，CAN×1，Ethernet10/100M，RS485/RS232×1
事件日志数据库	10000 件事件记录，包括异常类，发生时间，保护动作
SBAU 供电	直流输入：DC24V
SBAU 功耗	<2.5W
通信波特率	9600bps，250kbps（默认）、100Mbps
尺寸/质量	210.26×140.26×31.2mm/0.5kg
材料	钣金
工艺	三防漆

2.6　电池系统集成方案

2.6.1　容量计算

假定电芯单体为 3.2V86Ah 的磷酸铁锂电池，采用 12S4P 的标准电池模块进行配置，电池模块规格为 38.4V344Ah（3.2V×12＝38.4V，86Ah×4＝344Ah），模块电压范围为 33.6～42.6V。若系统所需容量为 2MWh，则系统需配置模块数量为 2000kWh÷38.4V÷344Ah＝151.4，则该系统需配置标准模块≥152 组。同时，直流侧工作电压范围要求为 600～850V，单簇电池组配置的电压应在直流电压范围内且总容量需≥2MWh，所以需要由 8 簇组成，每簇由 20 个电池模块组成，整个系统的容量为 2.113MWh。最终，系统的额定电压为 768V，系统的工作电压范围为 720～840V，系统容量为 2.113MWh。

2.6.2　电池系统组成

2MWh 储能系统的典型参数如表 2-7 所示：

表 2-7　　2MWh 电池系统参数

序号	参数项	参数值	备注
1	电池组需求容量	2MWh	
2	电池组设计容量	2.113MWh	240S4P×8
3	设计标称电压	768V	
4	最大充电电流	$0.5I_1$（连续）	
5	充电终止电压	840V	
6	最大放电电流	$0.5I_1$（连续）	
7	放电终止电压	720V	

2.7　电池管理系统的控制策略

电池管理系统控制层以 BAU 为单位，一个 BAU 控制若干个电池簇 BCU 并联，每个 BCU 通过 BMU 获取电池电压、温度等信息。其中，BMU 负责采集电池电压、温度信息，均衡控制等。BCU 负责管理电池组中的全部 BMU，通过 CAN 总线，获取所有 BMU 的单体电压与温度信息。同时具备电池簇的电流采集，总电压采集，漏电检测，并进行报警判断，在电池组状态发生异常时断开高压功率接触器，使电池簇退出运行，保障电池安全使用。BAU 负责管理所有簇电池（BCU），若电池簇发生了严重故障，BAU 主动控制切断继电器。

系统主要有“自动运行模式”“维护模式”两种模式，默认为“自动运行模式”。自动控制模式下，BAU 根据下属 BCU 电池簇状态，进行自动控制吸合与断开，主要有以下几种控制策略（以每个电池堆包含六个电池簇为例说明）。

（1）上电 BCU 数量检测。BAU 上电检测 BCU 就位数量，当就位数等于 4 组时，BCU 就位，BAU 允许满功率充放电；当 BCU 就位数少于 4 组时，BAU 根据具体就位数进行限功率运行（BMS 给 PCS/EMS 发出最大充放电电流限值）。最少支持 3 组（调试上位机可设置）运行，当低于 3 组（上位机可设置）时，BAU 不就位，不能进行充放电。

（2）上电总压差检测。当 BAU 检测就位通过后，进行总压压差判断。当电池组总压最大总压与最小总压之间压差小于“电池组允许吸合最大总压差”时，所有就位电池组压差较小，符合吸合继电器条件，则闭合所有 BCU 主继电器，进入预充均衡流程。

当 BAU 检测当前就位总压差超过允许值，此时，BAU 报总压差大故障，需人工干预，关闭故障组电池组或启用维护模式，人工对电池组进行均衡控制。

（3）上电预充均衡控制。BAU 在进行预充均衡控制时，先控制所有 BCU，闭合预充继电器。当 BCU 检测到预充电流小于 1A，预充时间大于 5s，预充前后电压小于 5V，则 BCU 报预充完成，此时 BAU 检测所有预充完成后，控制吸合主正，断开预充。

（4）充放电管理。当系统运行时，实时监测每个单体电压及电池包温度。根据电池系统状态评估可充、放电最大电流，通过报文发给 PCS。PCS 根据最大充、放电电流，进行充、放电操作。(PCS 控制充/放电电流不能超过 BMS 请求最大值)。

在充电模式：当单体电压充到“充电降流单体电压”，BMS 根据当前 PCS 充电电流，进行降流请求。当多次达到“充电降流单体电压”后，电流会达到“最小限制充电电流”后，BMS 不在控制降流，维持 PCS 充电，直至充电达到“充电停止单体电压”，BMS 将充满标志位置，充电限制电流限制为 0。PCS 停止进行放电。只有当“充电一级报警消失”，或 SOC 小于 90%，此时 BMS 才允许进行再次充电。

当电池系统出现三级严重故障时，BMS 延时 5s 后，强制切断继电器，对电池进行保护；当单体电压低于或高于极限电压时，BMS 强制切断继电器，对电池进行保护。默认极限单体电压高：3.8V，默认极限单体电压低：2.5V（现场可修改）。

2.8 电池管理系统的保护策略

电池管理系统运行状态配置了三级报警机制，当出现一级报警时，BMS 通知 PCS 降功率运行；当出现二级报警时，BMS 通知 PCS 停止进行充放电（限制电流为 0）；当出现三级报警时，BMS 通知 PCS 停机，延时后，BMS 主动断开继电器。电池管理系统保护动作流程及其恢复流程分别如图 2-4 和图 2-5 所示。此外，各级报警事件的典型保护门限设置方法见表 2-8。

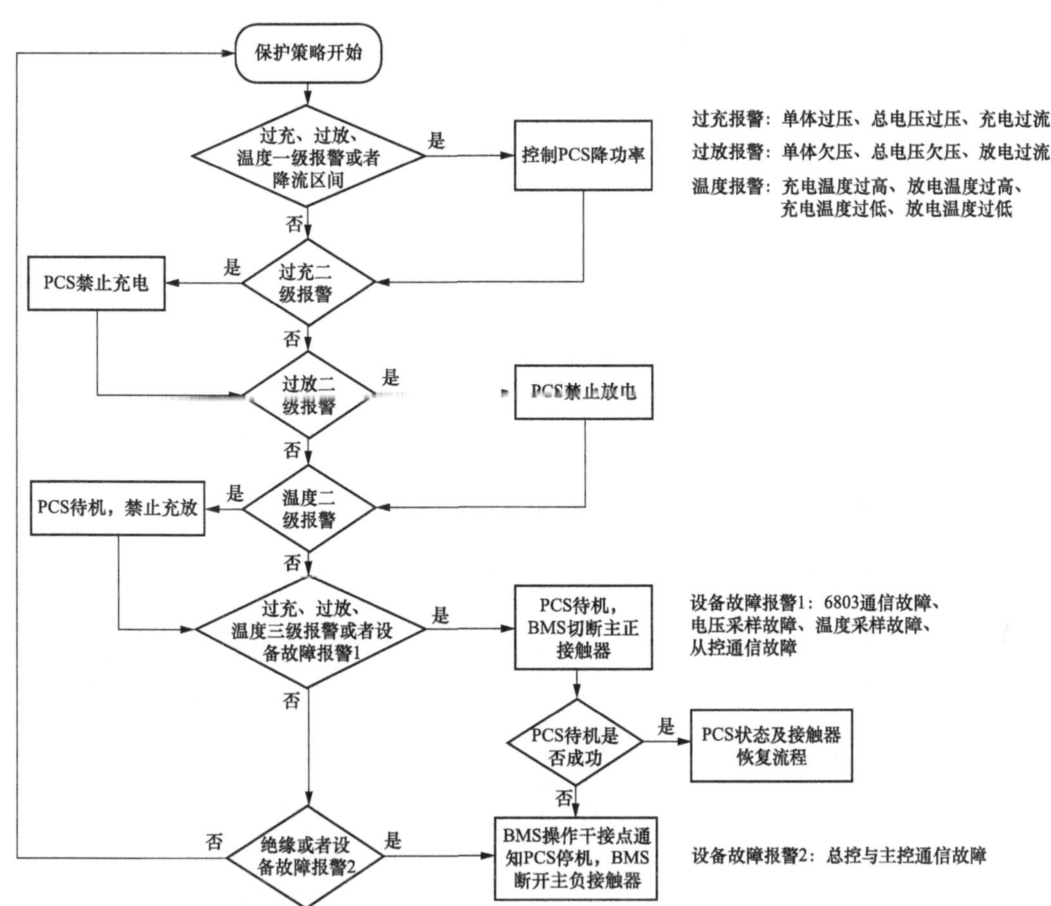

图 2-4　BMS 保护动作流程

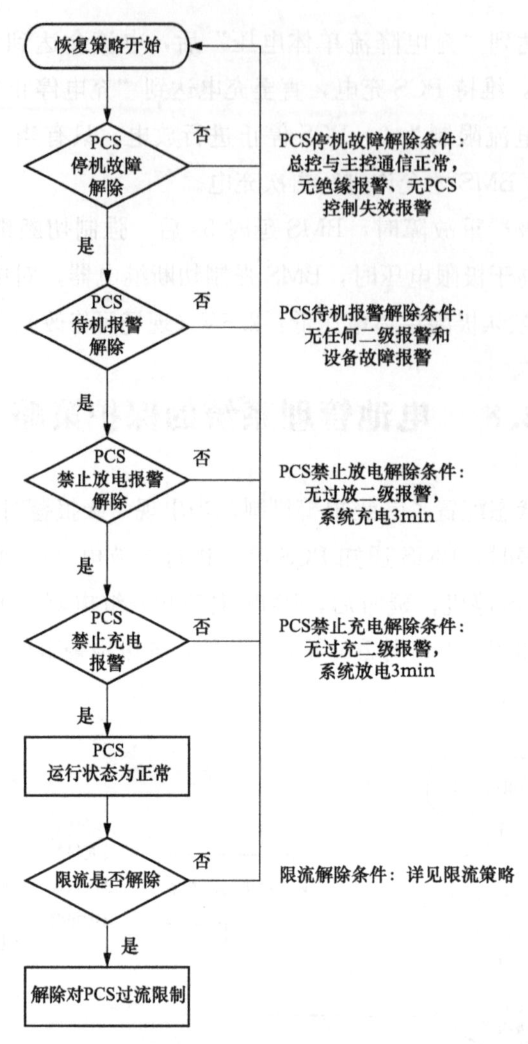

图 2-5　系统保护动作后恢复流程

表 2-8　　　　　　　　各级报警事件的典型保护门限设置方法

序号	项目	报警等级	触发阈值	恢复阈值	触发持续时间（s）	恢复持续时间（s）	控制动作		报文动作
1	总电压过高（V）	1 级	749.5	745.2	5	5	充/放电	允许充电；允许放电	—
		2 级	753.9	749.5	3	5	放电	禁止充电；允许放电	PCS 禁止充电
		3 级	766.8	756	5	5	—	继电器断开	PCS 报警停机
2	单体电压过高（V）	1 级	3.47	3.45	5	5	充/放电	允许充电；允许放电	即将充满
		2 级	3.49	3.47	3	5	放电	禁止充电；允许放电	PCS 禁止充电 充满
		3 级	3.55	3.50	5	5	—	继电器断开	PCS 报警停机
3	总电压过低（V）	1 级	676.1	682.6	5	5	充/放电	允许充电；允许放电	—
		2 级	671.8	676.1	3	5	充电	禁止放电；允许充电	PCS 禁止放电
		3 级	648	699.6	5	5	—	继电器断开	PCS 报警停机

续表

序号	项目	报警等级	触发阈值	恢复阈值	触发持续时间（s）	恢复持续时间（s）	控制动作		报文动作
4	单体电压过低（V）	1 级	3.13	3.16	5	5	充/放电	允许充电；允许放电	即将放空
		2 级	3.11	3.13	3	5	充电	禁止放电；允许充电	PCS 禁止放电放空
		3 级	3.0	3.10	5	5	—	继电器断开	PCS 报警停机
5	单体电压不均衡（mV）	1 级	200	200	5	5	充/放电	允许充电；允许放电	—
		2 级	300	300	3	5	—	禁止充放电	PCS 待机
		3 级	500	500	5	5	—	继电器断开	PCS 报警停机
6	电池箱温度高（℃）放电	1 级	40	35	5	5	充/放电	允许充电；允许放电	—
		2 级	65	60	3	5	—	禁止充放电	PCS 待机
		3 级	75	70	5	5	—	继电器断开	PCS 报警停机
7	电池箱温度低（℃）放电	1 级	0	0	5	5	充/放电	允许充电；允许放电	—
		2 级	−10	0	3	5	—	禁止充放电	PCS 待机
		3 级	−25	−10	5	5	—	继电器断开	PCS 报警停机
8	电池箱温度高（℃）充电	1 级	37	32	5	5	充/放电	允许充电；允许放电	—
		2 级	58	45	5	5	—	禁止充放电	PCS 待机
		3 级	65	60	3	5	—	继电器断开	PCS 报警停机
9	电池箱温度低（℃）充电	1 级	10	15	5	5	充/放电	允许充电；允许放电	—
		2 级	5	10	5	5	—	禁止充放电	PCS 待机
		3 级	0	5	3	5	—	继电器断开	PCS 报警停机
10	电池簇电池箱温差大（℃）	1 级	15	10	5	5	充/放电	允许充电；允许放电	—
		2 级	20	20	3	5	—	禁止充放电	PCS 待机
		3 级	30	30	5	5	—	继电器断开	PCS 报警停机
12	SOC 低（1%）	1 级	15	15	5	5	充/放电	—	—
		2 级	0	0	3	5	充/放电	—	—
		3 级	0	0	5	5	充/放电	—	—
13	充电过流（A）	1 级	140	140	5	5	充/放电	允许充电；允许放电	—
		2 级	160	160	3	5	放电	禁止充电；允许放电	PCS 禁止充电
		3 级	190	190	5	5	—	继电器断开	PCS 报警停机
14	放电电流大（A）	1 级	150	150	5	5	充/放电	允许充电；允许放电	—
		2 级	170	170	3	5	放电	禁止放电；允许充电	PCS 禁止放电
		3 级	200	200	5	5	—	继电器断开	PCS 报警停机
15	绝缘低（Ω/V）	1 级	500	500	5	5	—	允许充电；允许放电	—
		2 级	250	250	3	5	—	禁止充放电	PCS 待机
		3 级	100	100	5	5	—	禁止充放电、继电器断开	PCS 报警停机
16	电池箱连接器温度（℃）	1 级	60	60	5	5	充/放电	允许充电；允许放电	—
		2 级	65	65	3	5	—	禁止充放电	PCS 待机
		3 级	80	80	5	5	—	禁止充放电、继电器断开	PCS 报警停机

续表

序号	项目	报警等级	触发阈值	恢复阈值	触发持续时间（s）	恢复持续时间（s）	控制动作		报文动作
17	SBCU与SBAU通信故障	3级	—	—	5	2	充/放电	报警产生后延时5s，切断主正继电器；	禁止充放电
18	SBCU与SBMU通信故障	3级	—	—	5	2	充/放电	报警产生后延时5s，切断主正继电器；	禁止充放电
19	SBMU与SBTU通信故障	3级	—	—	10	2	充/放电	报警产生后延时5s，切断主正继电器；	禁止充放电
20	高压箱连接器温度过高	3级	—	—	5	5	充/放电	报警产生后延时5s，切断主正继电器；	禁止充放电
21	SBMU硬件故障	3级	—	—	—	—	充/放电	报警产生后延时5s，切断主正继电器；	禁止充放电
22	消防报警	3级	—	—	—	—	充/放电	报警产生后切断断路器	禁止充放电
23	接触器故障	3级	—	—	—	—	充/放电	报警产生后延时5s，切断主正继电器；禁止再次闭合	禁止充放电

2.9　电池管理系统应急预案

（1）BMS采用标准化产品，当某一模块发生故障时可直接用新模块无差别替换。

（2）当某一支路发生故障时，相应接触器会发生保护，其他支路工作不受影响，断开相应断路器可直接维护，维护完成后可直接投入系统。

（3）BMS支持自动控制和通过就地监控手动控制，方便维护以及紧急情况下采取措施。

2.10　电池管理系统操作指南

2.10.1　主界面

BMS上电后，组态显示屏将开启，自动进入主界面页面，如图2-6所示。

在本页面可以看到总控及各簇的主要数据和运行状态。

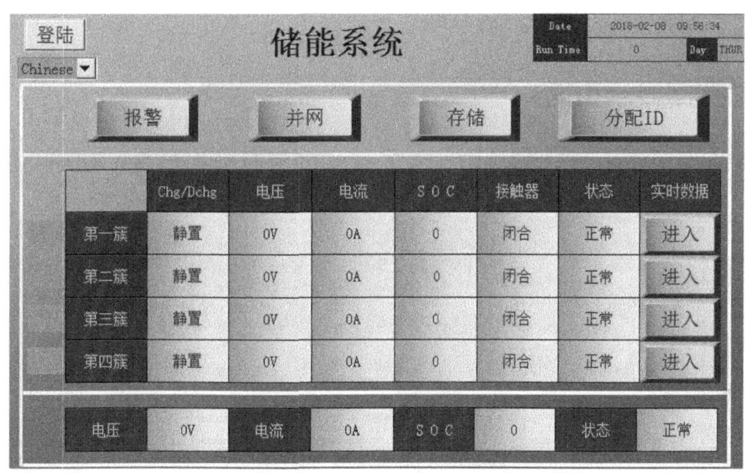

图 2-6 BMS 主界面页面

点击登陆按键，可进入用户登陆界面。

点击报警按键，可以进入报警数据显示页面。

点击并网按键，可以进入并网操作界面。

点击存储按键，可以进入手动存储及清除待机失败界面。

点击分配ID按键，可以进入自动分配 ID 界面。

点击进入按键，可进入对应的单簇数据界面。

每簇左侧有一个小方框，当与总控通信故障时，会变为红色，通信正常时是绿色。

2.10.2 单簇数据界面

在主界面显示页面中点击进入按钮，可进入单簇数据界面，如图 2-7 所示。

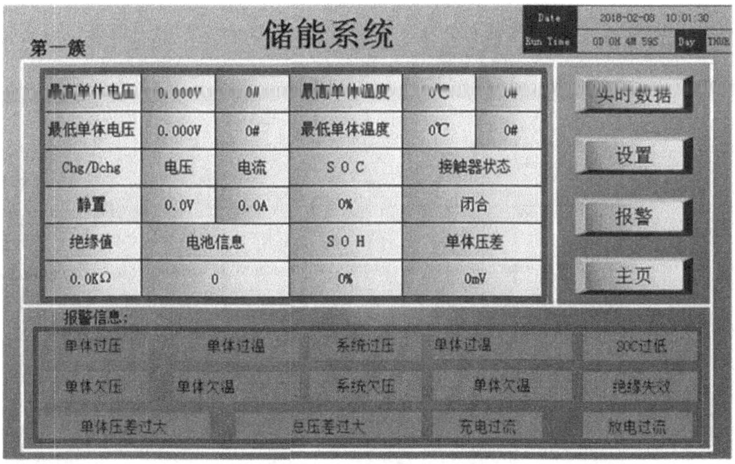

图 2-7 单簇数据界面

图 2-7 中框体部分为系统采样信息显示，包含单体最高电压、单体最低电压、充放电状态等。

下面框体部分为系统报警信息显示，当达到报警门限时，对应报警条框变为黄色；当达到停机门限时，对应报警条框变为红色。

2.10.3 实时数据显示页面

在单簇数据页面中点击实时数据按键，查看详细的实时数据信息，如图 2-8 所示。

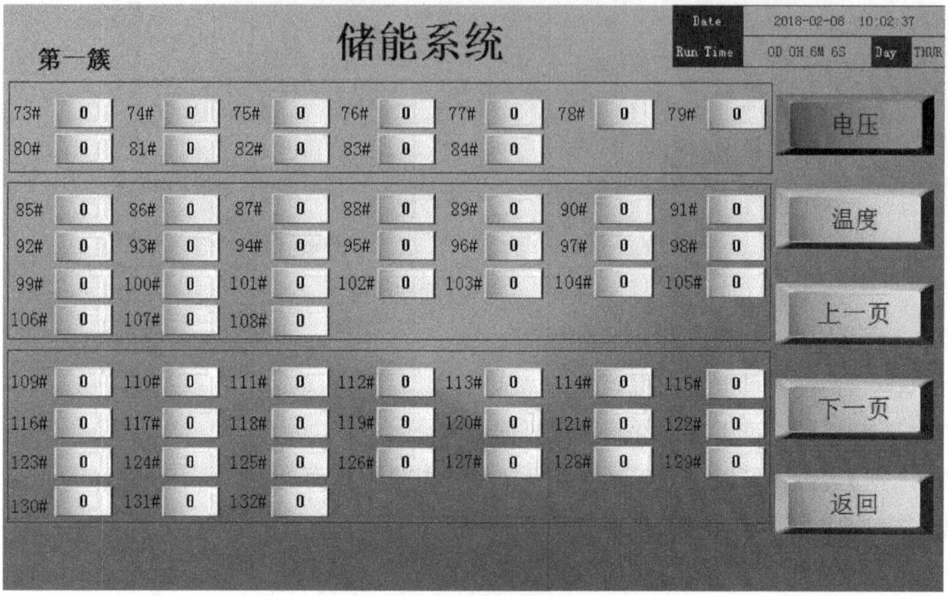

图 2-8 实时数据显示页面

通过点击下一页可以查看下一页的电压数据。

点击上一页可以查看上一页的电压数据，mV。

点击温度查看相应的温度数据，如图 2-9 所示。

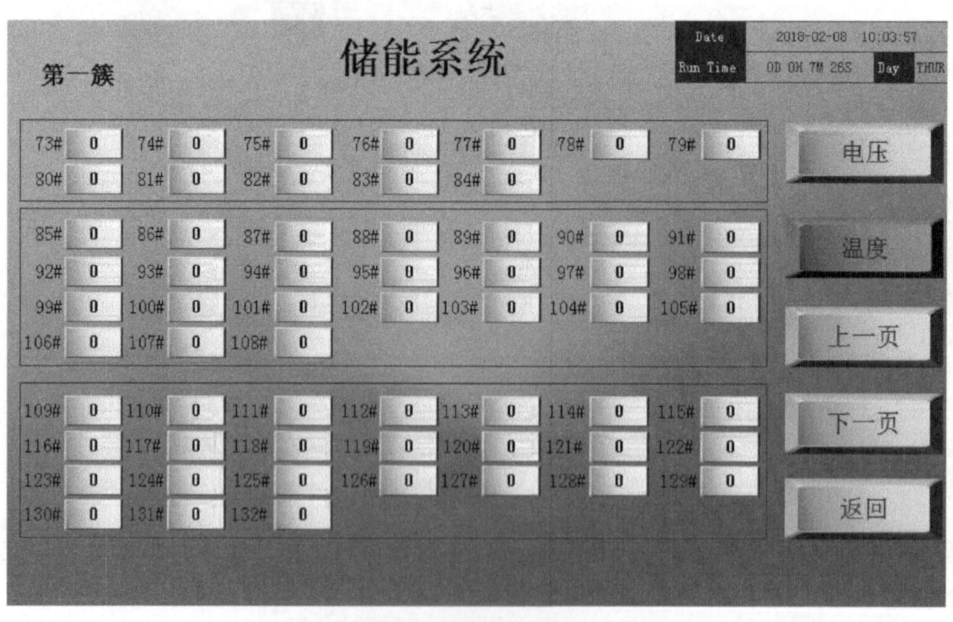

图 2-9 温度数据页面

点击下一页可以查看下一页的温度数据。

点击上一页可以查看上一页的温度数据。

2.10.4 报警数据显示页面

在单簇数据界面或主界面下点击报警按键，可以进入报警信息页面查看当前报警信息和历史报警信息。其中当前报警信息页面如图 2-10 所示。

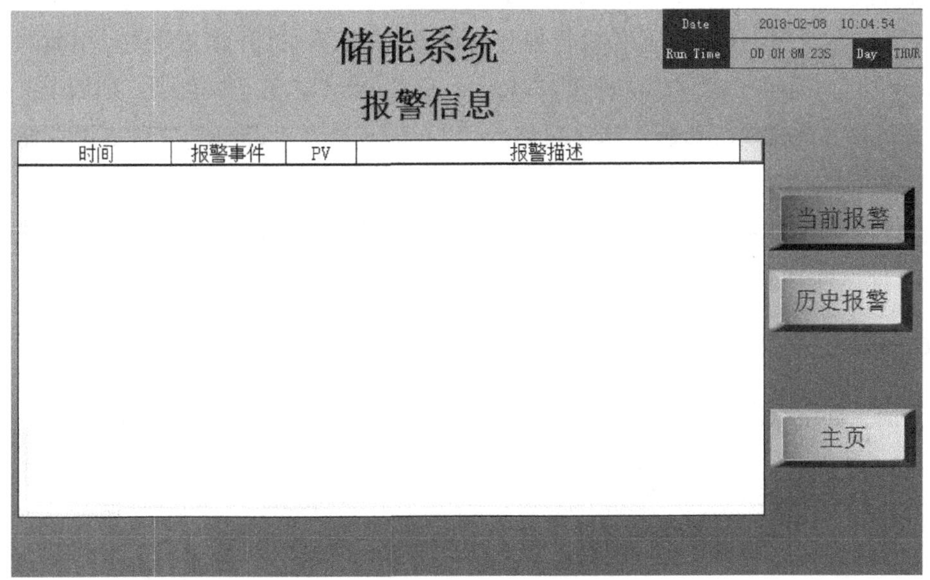

图 2-10 报警信息页面

历史报警信息页面如图 2-11 所示。

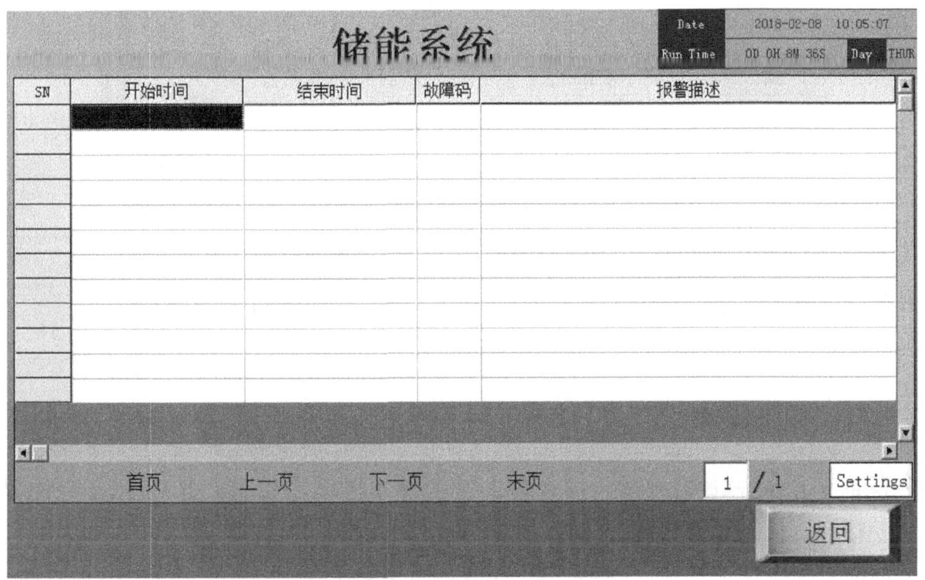

图 2-11 历史报警信息页面

2.10.5 数据存储及获取

本系统可以通过U盘存储系统中的所有单体电池电压值、各温度点温度值、系统总电压值、电流值、电池电压最值、温度最值、接触器开关状态以及报警停机等数据信息。如需要存储时，将U盘插入液晶屏背后，系统存储规则为整点存储。

如要查看电池系统历史数据记录，拔出U盘，在PC机上打开U盘后，所有数据存储在U盘根目录下“Battery history data 2018”文件夹内，打开“Battery history data 2018”文件夹，内部的文件夹按照年月份进行划分，如“201802”，打开此文件夹，里面的文件分为“cluster 1”“cluster 2”“cluster 3”“cluster 4”“alarm”，五个文件夹；前四个文件夹内包含的是每簇各自的“voltage”“temperature”“total state”“alarm”文件夹下存储的是多簇总的报警信息。

内部文件名的命名规则是以时间的年月日时为名命名的。如“2018020714”则代表2018年2月7日14时的数据。

2.10.6 获取管理员权限

主界面页面中点击屏幕左上角 登陆 按键，进入用户登陆界面，如图2-12所示。

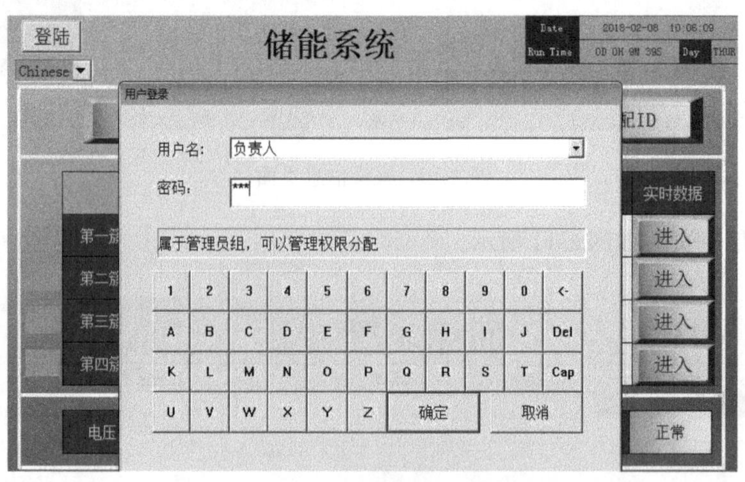

图2-12 用户登陆界面

输入用户名及密码执行管理员操作权限：

用户名：负责人。

密码：123。

2.10.7 自动并网操作

在主界面下，点击 并网 按键，进入自动并网操作界面，如图2-13所示，在此界面下，可以对各支路进行自动并网操作。

进入自动并网操作界面后，等待1s，使并网状态进行自动刷新，以便读取正确的并网状态。可通过“Operate”对应的操作设置某簇是否可用，“Enable”表示可以使用，“Disable” 表示不可使用。自动并网操作需要在打开 “One-Key Connect To Grid” 后才会自动进行，直到所有可以并网的支路并网结束后，“One-Key Connect To Grid” 会自动关闭。并网过程中，不允许中断自动并网操作。

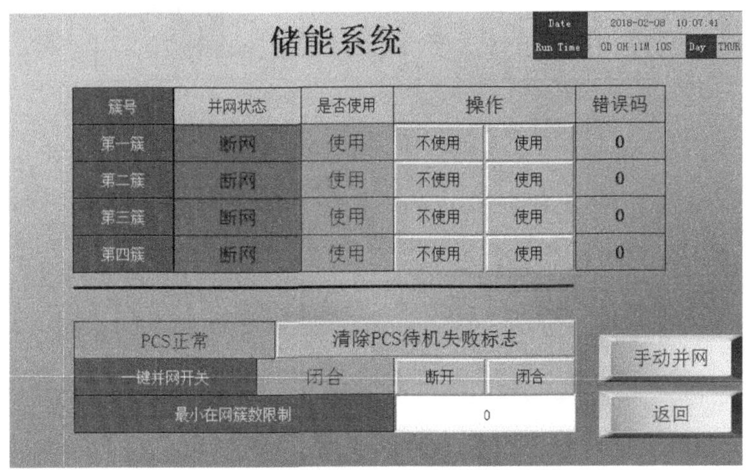

图 2-13　自动并网操作界面

“Error Code” 代表该簇并网故障码，非 0 代表本簇不可以并网。0 代表正常；1 代表该簇与总压差过大；2 表示环流不为 0；4 表示设备故障。

注意：自动并网过程中，若某支路出现三次并网启动后断开的情况，则说明，本支路存在未消除的二级报警，等待二级报警高于过低门限且低于过高门限后再对此支路进行并网操作。

2.10.8　手动并网操作

2.10.8.1　手动并网操作步骤

并网操作需要管理员操作权限，请先获取管理员权限。

在自动并网操作页面下，点击 手动并网 按键，进入手动并网操作界面，在此界面下，可以手动对各支路进行并网和断网操作。

进入并网操作界面后，等待 1s，使并网状态进行自动刷新，以便读取正确的并网状态，随后便可依照实施情况进行并网、断网操作。

手动并网一般情况下不使用。若自动并网不可用，则可用手动并网对接触器进行操作。

2.10.8.2　手动并网操作说明

（1）前提条件。

1）无设备故障，无通信故障。

2）系统充放电状态处于静置状态。

（2）操作步骤。

1）获取管理员权限。并网操作需要管理员操作权限，请先获取管理员权限。

2）进入并网操作界面，如图 2-14 所示。在自动并网操作页面中点击 Parallel 按钮进入并网操作界面。

3）打开并网总开关。

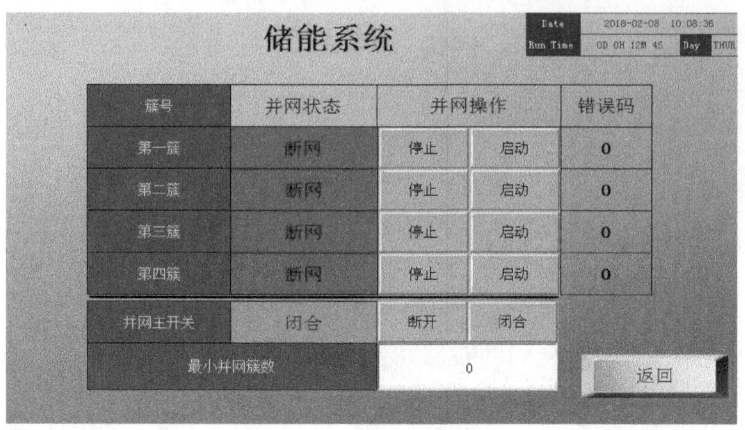

图 2-14　并网操作界面

点击「闭合」打开并网总开关，若并网主开关变成绿色，说明并网总开关已经打开，再进行以后的操作。

4）对单簇进行并网操作。

「错误码」代表该簇并网故障码，非 0 代表本簇不可以并网。0 代表正常；1 代表该簇与总压差过大；2 表示环流不为 0；4 表示设备故障。

注意当「错误码」为 0 时，才能进行并网操作；若不为 0，则要检查并排除故障后，再进行并网操作。

点击「启动」进行并网。一次只能对一条支路进行并网，若依次点击多个「启动」，本系统会依次对这些支路进行并网操作。

5）并网结束。并网结束之后，点击「停止」关闭并网总开关，否则会造成系统无法正常运行。

（3）注意事项。并网时需要注意是否满足并网条件，在满足条件的情况下进行并网操作，操作结束之后，关闭并网总开关。如果出现 PCS 接收到的状态一直为待机，而总控运行状态不为待机，则表明未关闭并网总开关。

2.10.9　并网失败原因及解决方案

并网失败原因及解决方案见表 2-9。

表 2-9　　并网失败原因分析及解决方案

失败原因	分　析	解决方案
并网总开关未打开	未打开并网总开关，不能进行并网操作	打开并网总开关
压差过大	电压差距过大不能并网	该簇不能进行并网
环路电流不为 0	若此时未处于充放电状态，说明此时可能出现电流采样故障，不能进行并网操作	排除故障后再进行并网操作

续表

失败原因	分析	解决方案
设备故障	出现设备故障，可能是因为系统中某个单元断电，或者是通信线中断等原因，为了确保安全，此时不允许并网	在报警信息界面和历史报警记录中查找相应的故障信息，根据不同的报警记录排除设备故障后，再进行并网操作
二级报警未恢复	二级报警未恢复，会导致并网启动（预充接触器闭合）后退回至初始化状态（预充接触器断开）	手动操作本支路不可用，等待二级报警高于过低门限或低于过高门限后，再恢复本支路可使用

2.10.10 门限参数设置

门限参数设置需要管理员操作权限，需要先获取管理员权限。

获取管理员权限后，可在单簇数据界面中点击设置按键，进入门限参数设置界面，在此页面内，可以进行一级报警门限、二级报警门限参数设置。

在一级报警门限页面下可进行单体过压、单体欠压、温度偏高等一级报警门限设置。当某簇系统参数达到报警门限值时，该簇页面对应报警条框变为黄色；当该系统参数达到恢复门限后，报警取消，该簇页面对应报警条框由黄色变为绿色。

在二级报警门限页面下，可进行单体过压、单体欠压、温度偏高等二级报警门限设置，当某簇系统参数达到二级报警门限值时，该簇页面对应报警条框变为红色，接触器断开，当该簇系统参数达到恢复门限并且手动闭合接触器后，报警解除，该簇页面对应报警条框由红色变为绿色。

在参数设置页面，可以通过点击报警门限和停机门限按键来进行一级报警门限、二级报警门限的相关参数设置，进行报警设置、恢复设置的参数设置时，点击想要设置的操作项目对应的参数框，待弹出“数值型”对话框后，进行报警设置、恢复设置的参数设置，输入数值完毕，点击确定按键，可以将新设定的参数配置到系统内，设置成功后，会弹出对话框，提示用户设置成功。

点击下一页查看本页未显示的其他门限。

一级报警门限设置页面如图 2-15 所示。

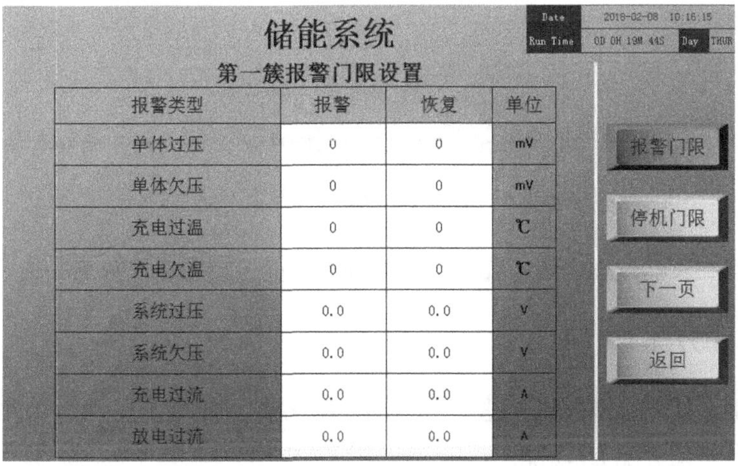

图 2-15　一级报警门限设置页面

二级报警门限设置页面如图 2-16 所示。

储能系统

Date 2018-02-08 10:16:25
Run Time 0D 0H 19M 55S Day THUR

第一簇停机保护设置

保护类型	报警	恢复	单位
单体过压	0	0	mV
单体欠压	0	0	mV
充电过温	0	0	℃
充电欠温	0	0	℃
系统过压	0.0	0.0	V
系统欠压	0.0	0.0	V
充电过流	0.0	0.0	A
放电过流	0.0	0.0	A

报警门限
停机门限
下一页
返回

图 2-16　二级报警门限设置页面

2.10.11　手动存储及清除待机失败

首先获取管理员权限，在主界面中，点击存储，进入此存储界面，如图 2-17 所示，在此界面可以判断 U 盘的接触状态、对实时数据进行保存。

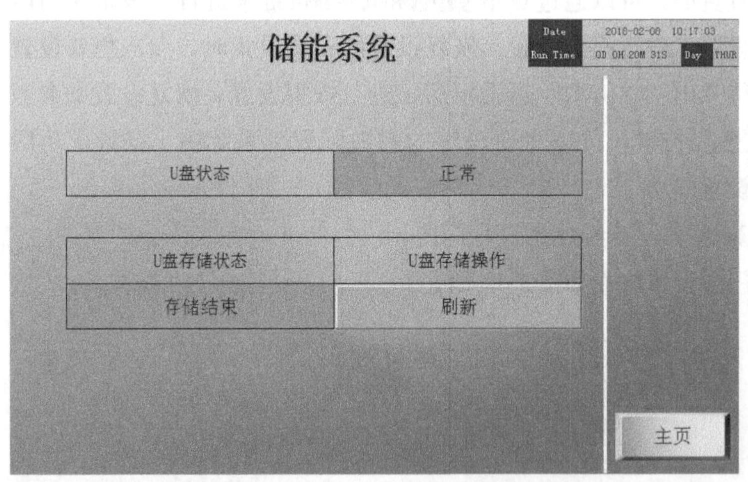

图 2-17　存储界面

注意：U 盘在存储过程中请不要拔出，否则有可能造成损坏或数据丢失。

2.10.12　自动分配 ID

点击主界面上的分配ID按钮，进入自动分配 ID 界面，如图 2-18 所示，此界面会根据项目需要设计部分自动分配 ID 功能。

自动分配 ID 界面中，可能有主控分配 ID，从控分配 ID，温度板分配 ID 等。具体需求根据项目进行。若是需要给从控自动分配 ID 时，只需点击对应簇的 从控 按钮，等待一会儿，当现实按钮 未分配 变绿时，证明分配 ID 成功。若有其他需求，操作方法类似。

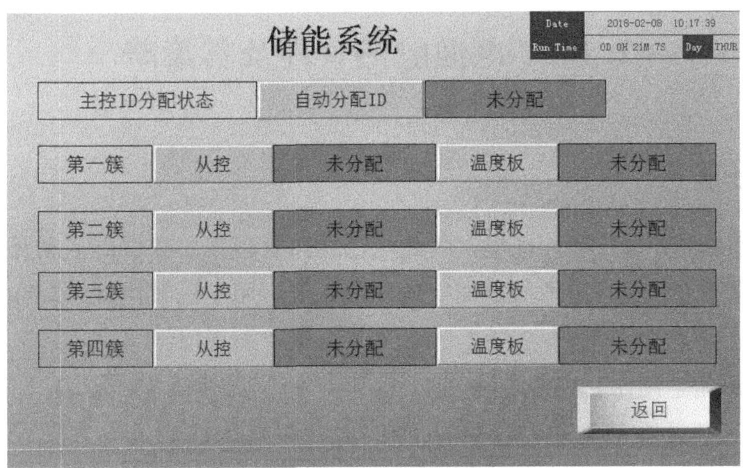

图 2-18　自动分配 ID 界面

2.10.13　末端限流配置

末端限流配置界面为方便现场调试而放在组态显示屏上，打开组态显示屏主界面，点击 登陆 进行登入，之后点击主界面上的末端电流配置按钮，进入末端限流配置界面，如图 2-19 所示。

图 2-19　末端限流配置

图 2-19 只有前两簇的末端限流配置，具体需要按照项目来，具体配置界面如图 2-20 所示。

图 2-20　具体配置界面

末端限流可以点击输入，限定多少电压时输出或输入电流限定成多少，可以根据项目需要和调试需要进行配置，其中电流校准为固定。

2.11 电池舱热管理及其策略

2.11.1 热管理

电池储能系统需要适应各种环境，因此电池舱热管理集中在低温启动环节，集装箱保温与制热工作是重点。集装箱内部增加空调冷热系统，用于调节控制系统在低温环境中顺利运行。

在集装箱密闭空间中，空调加热是十分困难的，加热的空气会向上移动，形成严重的冷热分层，热源全部集中在集装箱的顶部（在封闭的空间，在热源以上的空间，每升高 1m，温度升高 1～2℃），这意味着严重的能耗，更意味着地面永远达不到所希望的温度。

在集装箱内部的空调，通过空调的风道设计，合理利用热源与冷源，可消除冷热分层，降低能耗，并且有效地提高地面温度。空调、电池紧贴墙面，空调从顶部送风，设置风道，由近及远，高度逐渐降低（为加大风压），在电池架间隙处开孔，将冷风由上往下引入电池表面。

2.11.2 热管理策略

集装箱系统在各个情况下，使用的热管理的策略如下：

(1) 在冬季与春季，系统启动前需要开启空调制热功能（将整个集装箱室温调整均匀），空调待机。

(2) 在夏季与秋季，通过自然散热与空调强制制冷方式，降低整个系统的温度。系统启动后，整个系统的温度升温在 10～20℃，即集装箱内部温度高于外部环境温度，通过热传导即可调节集装箱内部温度。

(3) 其他情况，如系统频繁进行充放电，造成集装箱内部温度骤升，通过自然散热方式无法迅速降低温度。造成系统内部热量积累，故需要开启空调制冷进行快速降温。

2.12 电池舱消防方案

在集装箱内中部位放置 FM200（或七氟丙烷）自动灭火装置，根据烟感采样器来自动控制灭火装置，以达到消防的要求。同时在集装箱内配置 2 个手持式干粉灭火器。同时将所有的消防系统接入到辅助系统的综合监控平台。消防系统拓扑如图 2-21 所示。

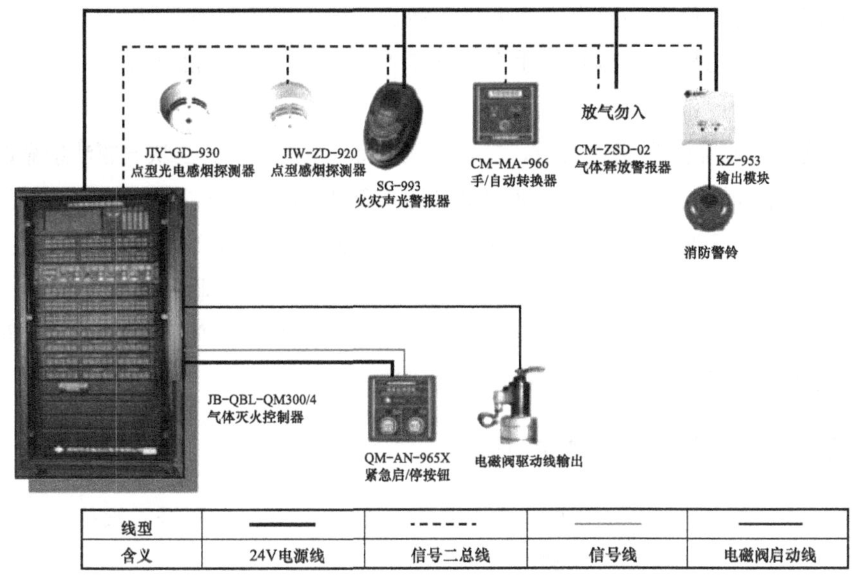

图 2-21　消防系统拓扑图

2.13　现场消防措施

2.13.1　现场消防管理

需要把预防火灾、保障人民的生命财产安全放在首位，要做到“防患于未然”，从人力、物力、财力上积极投入，防止火灾的发生，保证工程的顺利竣工。消防本身就是一“消”一“防”“防消结合”是同火灾作斗争的两个基本手段，预防和扑救，必须有机地结合起来，才能收到同火灾斗争的最佳效益。

电池使用单位对现场消防要安排专人负责，给排水专业主管工程师是现场消防工作直接责任人，现场消防平面图由该工程师设计绘制，并报有关单位审批，消防设施严格按图布置。消防工作人人有责，消防器材不得挪用。

建立现场义务消防人员组织表，成立各专业施工队义务消防队，对管理人员和施工人员进行防火宣传，按各工种的不同制定防火制度；建立现场动火制度，现场使用明火必须有申请单，经项目经理或项目总工程师批准后方可用火。

2.13.2　现场防火制度

（1）现场严禁吸烟。

（2）安装和修理电气设备须由专业电工进行。电气设备和电线不许超负荷运行，配电箱要牢固，门要完好，电线接头要牢固，绝缘良好。电灯泡距可燃物不小于 30mm，不准用纸或其他可燃物做灯罩。施工现场不准使用电炉及其他电热器。

（3）仓库、氧气瓶、乙炔瓶库房应有“严禁烟火”标志牌。仓库通道，上下楼通道、现场通道应保持畅通，便于扑救火灾和人员疏散。仓库内严禁私拉乱接电线。

（4）油漆工用过的棉丝、抹布、手套等物应妥善处理，不得随扔乱放。现场加工木材后的锯末要及时清理掉，以防自燃。

（5）氧气瓶、乙炔瓶严禁敲击混放，二者必须保持一定的距离。乙炔气瓶严禁靠近高温。

（6）明火和电器设备，与明火作业处要保持不低于10m的安全距离。乙炔气瓶储存量不得超过5瓶，超过5瓶要用非燃材料隔断或单独的储间，超过20瓶要建造乙炔仓库。

（7）严禁将焊把线和气焊橡胶带混在一起。电、气焊明火作业需取得用火证。

（8）作业时上下需有人看护，否则不许施工。电气失火首先必须切断电源方可扑救。

（9）值班人员和门卫不得擅离职守，严禁值班人员喝酒。

2.13.3　现场消防设备和器材的管理

现场按要求配备一定数量的消防设备和器材，如消火栓、水龙带、水枪头、灭火器等；消防工作人人有责，消防器材不得挪用。

消防池要经常保证一定的水量，以保证火灾时用水。消防水泵要经常启动、维护，以保证火灾时正常运行。消防管道要保持满水。

消防水龙带要双层折放叠放，保持干燥。消防水带更新要用同一型号，以便交叉使用。在无火情时，严禁私自开启消火栓，使用水龙带。

干粉灭火器严禁私自开启放空，要定期检查，使之保持正常压力状态，泡沫灭火器严禁倾斜、倒置，定期更换药物。

严禁私自挪用消防器材，破坏、损坏消防标志。

2.13.4　现场义务消防组织体系

现场消防最终是依靠电池设备使用单位的全体职工和工人的安全意识。要利用会议、宣传画、安全活动日等各种形式，经常向全体施工人员开展防火宣传教育，使他们明确消防工作的重要意义，增加责任心，确保施工生产安全，自发地形成现场消防义务队。

2.14　电池舱验收

2.14.1　测试条件

除非其他特殊要求，必须具备的测试条件为：

（1）温度：15～30℃。

（2）相对湿度45%～85%。

（3）大气压力：86～106kPa。

2.14.2　测量仪表及设备要求

（1）测量电压。仪表准确度应不低于±0.5%。

（2）测量电流。仪表准确度应不低于±0.5%。

（3）测量内阻。频率 1kHz，准确度应不低于±0.5%，测速大于 10 次/s。

（4）测量时间。仪表准确度应不低于±0.1%。

（5）测量抗电强度。测试电压 0～5kV，精度不低于 5%；漏电流 0～20mA，精度不低于 5%。

（6）测量温度。仪表准确度应不低于±2℃。

（7）称量重量。电子天平准确度应不低于±0.5%。

（8）测量外形尺寸。量具其分度值应不大于 1mm。

（9）恒流源。电流可调，在恒流充电或放电过程中，电流变化在±1%范围内。

（10）恒压源。电压可调，在恒压充电过程中，电压变化在±1%范围内。

（11）放电负载。放电负载电压、电流精度不小于 0.2%。

（12）示波器。带宽不小于 100MHz。

2.14.3 验收方法与要求

1. 外观、尺寸、重量

目测法检查被测电池组的外观；用量具称量电池组的重量；用量具测量电池组的尺寸。检测结果应符合电池组参数的要求。

2. 电气试验

（1）充电方法。单体电池或电池组在 25℃±5℃条件下进行充电，充电前应对单体电池或电池组以 0.5I_tA 恒流放电至终止电压（单体电池电压达 2.5V），再采用下列规定的标准充电方法进行试验：以 0.5I_tA 或 0.5I_tA 电流恒流充电，当单体电池或电池组的端电压达到充电限制电压时（单体电池电压达 3.6V），改为恒压充电，直到充电电流小于或等于 0.02I_tA，最长时间 8h，停止充电。

注：参考试验电流用 I_tA 表示，I_tA=C5Ah/1h。

（2）额定容量（常温）。电池组按规定充电后，搁置 0.5～1h，以 0.1I_tA 或 0.2I_tA 或 0.5I_tA 电流恒流放电至终止电压。上述试验可以重复 3 次，当有一次单体电池或电池组的放电时间符合 2.6.2 节额定值的要求，试验即可停止。

（3）标称电压。用符合规定的电压表，在单体电池或电池组半荷电态或荷电态下，测量单体电池或电池组电压，试验结果应符合相关要求。

（4）低温 0.1I_tA 放电（−10℃±2℃）。电池组按相关规定充电后，将单电池组放入温度为−10℃±2℃的低温环境中恒温搁置 16h，然后在此温度下以 0.1I_tA 电流恒流放电至终止电压，放电时间不少于 6h。

（5）高温 1I_tA 放电（55℃±2℃）。电池组按相关规定充电后，将电池组放入温度为 55℃±2℃的高温箱中恒温搁置 16h，然后在此温度下以 1I_tA 电流恒流放电至终止电压，放电时间不少于 57min。

（6）荷电保持能力及荷电恢复能力。单电池组按相关规定充电后，在环境温度为 25℃

±5℃的条件下，开路放置 28 天，在同样条件下，以 0.1I_tA 恒流放电至终止电压，放电时间（荷电保持）应不少于 9.5h。放电结束后，在 24h 内对电池进行再充电，再以 0.1I_tA 恒流放电至终止电压，放电时间（荷电恢复）不低于 9.8h。

3. 环境适应性

（1）抗电强度。用符合标准的测耐压仪器，对电池组外壳与正极、外壳与负极间施加工频电压 1500V/AC 持续 1min，电流小于 20mA。电池组试验结果无打火、无击穿损坏。

（2）绝缘电阻。用 DC 500V 绝缘电阻测试仪检测电池组的外壳对电池组的正极或负极之间绝缘电阻，试验结果应电池组外壳与正极或负极的绝缘电阻不低于 100MΩ。

（3）电池内阻。采用符合要求的仪器，依据 IEC 61960 中的交流法，检测单体电池或电池模块或电池组在不同荷电状态下，即 20%、40%、60%、80%和 100%的电池内阻。

（4）电池间连接压降。电池模块或电池组按要求充电后，在常温下以 0.25I_tA 或者 1I_tA 电流放电，测电池间的连接压降≤15mV。

（5）电池电压一致性。

1）电池模块完全充电态电池之间静态开路电压最大值与最小值的差值不大于 0.2V。

2）电池模块进入浮充状态 24h 后各电池之间端电压的电压差不大于 0.2V。

3）电池模块放电时，各电池之间的端电压的电压差应不大于 0.3V。

4. 安全性能

（1）试验条件。所有安全检验环境均在有充分防护措施的条件下进行，防止造成人身伤害。如有保护装置应拆除。

（2）过充电。单体电池按相关规定充电后，再以 1I_tA 或 3I_tA 恒流充电，充至单体电池电压到 5V。试验结果应不起火、不爆炸。

（3）外部短路。单体电池按相关规定充电后，再用外部线路电阻小于 50MΩ 的导体，将单体电池正负极短路 10min，试验结果应不起火、不爆炸。

（4）过放电。单体电池按相关规定充电后，常温（25℃）条件下，以 0.2I_tA 恒流放电至 0V，试验结果应不起火、不爆炸。

（5）挤压。单体电池按相关规定充电后，将单体电池放在一侧是平板、一侧是异形板的中间。异形板的半圆柱形挤压头的典型直径为 75mm，挤压头间的典型间距为 30mm。对单体电池除正负极柱外的任一方向进行挤压。挤压至单体电池原始尺寸的 85%，保持 5min 后再挤压至原始尺寸的 50%。试验结果应不起火、不爆炸。

（6）针刺。单体电池按相关规定充电后，将单体电池固定，再以 ϕ3～8mm 的耐高温钢针，以 10～60mm/s 的速度，从垂直于单体电池极板的方向贯穿单体电池（钢针停留在电池模块单体电池中），保持 90min。试验结果应不起火、不爆炸。

第3章 电池储能站功率变换系统运维与检测

电池储能站功率变换系统（简称功率变换系统）是与储能电池组配套，连接于电池组与电网之间，其工作的核心是把交流电网电能转换为直流形式存入电化学电池组或将电池组能量转换为交流形式回馈到电网。电池储能站并网规范中有关技术指标主要依赖于功率变换系统的软件控制算法实现。功率变换系统的具体技术方案多种多样，主流厂商一般采用三相电压型两电平或三电平 PWM 整流器，其主要优点是：①动态特性随控制算法的调整而灵活可控；②功率可双向流动；③输出电流正弦且谐波含量少；④功率因数可在－1～1 之间灵活调整。电池储能站功率变换系统深刻的影响和决定了整个电池储能站是否能够安全、稳定、高效、可靠的运行，同时该系统的性能也对整个电化学电池储能单元的使用寿命有关键影响。掌握电池储能站功率变换系统的运维与检测技术对提高电池储能站运行安全性与经济性具有重要意义。

本章根据电池储能站功率变换系统的组成部件，探讨其运维与检测技术。本章首先对电池储能站功率变换系统的构成及基本控制进行简要说明；然后以具体的设备厂商产品为例，说明储能站功率变换系统的日常操作；而后根据储能功率变换系的工作状态，梳理了相关的日常维护；最后给出了功率变换系统重要部件的常见故障及处理方法。

3.1 电池储能站功率变换系统概述

功率变换系统设计的核心是利用全控型电力电子开关器件的斩波能力与脉冲宽度调制技术（PWM），通过灵活的软件算法控制开关器件的开通与关断，实现电能的双向流动。功率变换系统主要由干式变压器、交流滤波器（含交流滤波电感与交流滤波电容）、直流电容、交/直流断路器、绝缘栅双极型晶体管（IGBT）功率模块及其对应的控制系统等重要部分组成。

3.1.1 功率变换系统的拓扑结构

实际工程应用中，电池储能站的功率变换系统可能采用不同的拓扑结构形式，如一级变换拓扑型、二级变换拓扑型、H 桥链式拓扑型等。不同的拓扑结构形式拥有不同的优缺点，适用于不同的应用场景。

（1）一级变换拓扑型。一级变换拓扑型为仅含 AC/DC 环节的单级式功率变换系统，其拓扑结构示意图如图 3-1 所示。在该结构下储能电池经过串并联后直接连接至 AC/DC 变流器的直流侧。这种功率变换系统结构简单、可靠性较好、能耗相对较低，但储能单元容量选择缺乏一定的灵活性。

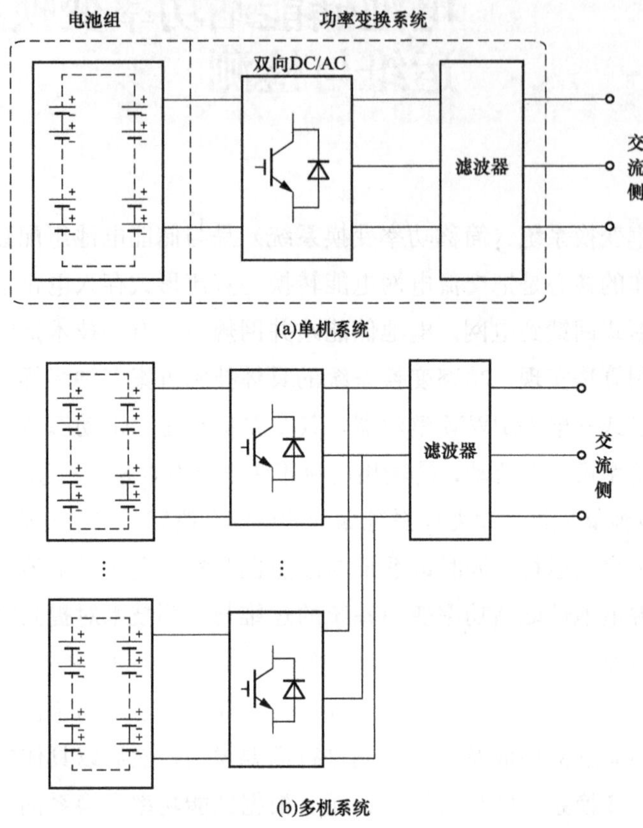

图 3-1　仅含 AC/DC 环节的单级式功率变换系统拓扑结构

（2）二级变换拓扑型。两级变换拓扑中含有 AC/DC 和 DC/DC 两级功率变换系统，其拓扑结构如图 3-2 所示。双向 DC/DC 环节主要是进行升、降压变换，为并网侧 AC/DC 变换系统提供稳定的直流电压。此种拓扑结构的功率变换系统适应性强，由于 DC/DC 环节实现直流电压的升降，电池组容量配置则更为灵活，但是 DC/DC 环节的存在也使得整个系统的功率变换效率降低。

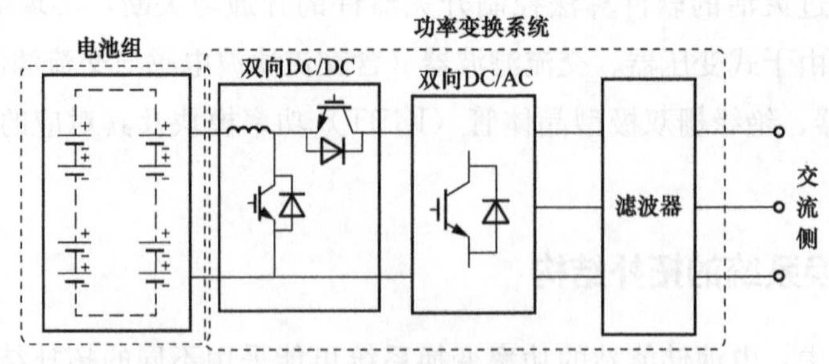

图 3-2　含 AC/DC 和 DC/DC 环节的两级功率变换系统拓扑结构

（3）H 桥链式拓扑型。H 桥链式功率变换系统拓扑结构如图 3-3 所示。这类拓扑结构采用多个 H 桥功率模块串联以实现高压输出，避免了电池的过多串联；每个功率模块的结构相同，容易进行模块化设计和封装；各个功率模块之间彼此独立。这类拓扑结构适用于储能单元容量大于 1MW 的场合。

在实际应用的工程案例中，一级拓扑形式的功率变换系统应用最为广泛，故在本章中将重点以该拓扑形式为代表，对电池储能站功率变换系统的运维与检测进行探讨。

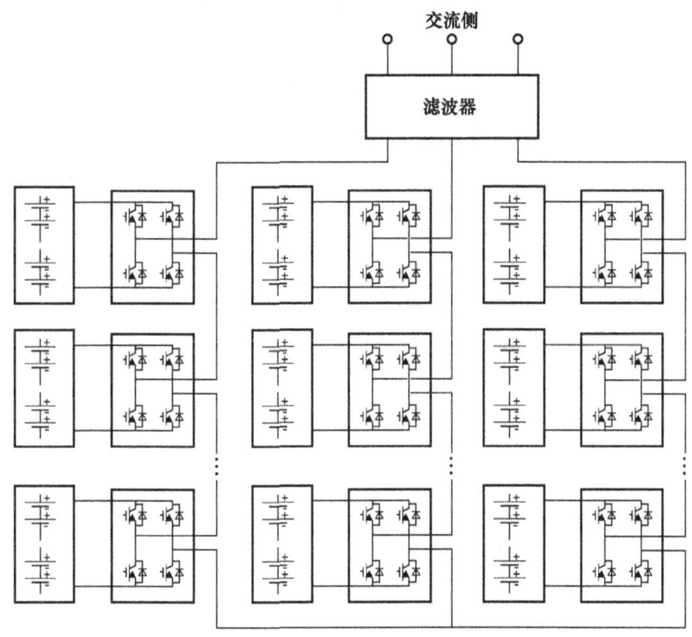

图 3-3　H 桥链式功率变换系统拓扑结构（Y 型接法）

3.1.2　典型拓扑结构下功率变换系统的物理构成

电池储能功率变换系统的物理结构示意图如图 3-4 所示，从图中可以看出，功率变换系统主要由直流软启动电路、直流断路器直流滤波电容、IGBT 功率模块、电池储能功率变

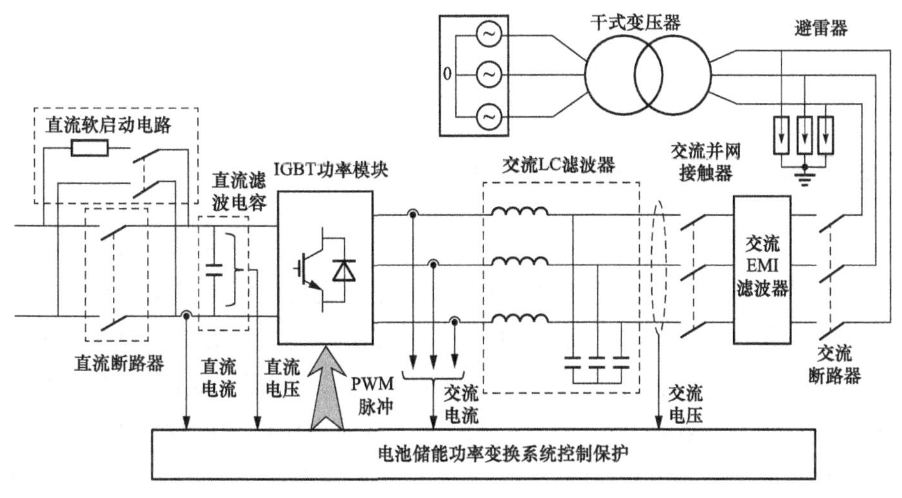

图 3-4　电池储能功率变换系统物理结构示意图

换系统控制保护、交流 LC 滤波器、交流并网接触器、交流 EMI 滤波器、交流断路器、避雷器及干式变压器构成。

直流软启动电路主要用于限制启动过程中储能电池流向变换器直流电容的充电电流，防止过大的电流冲击对储能电池及变换器直流滤波电容造成损害；直流滤波电容的存在是为了防止变换器输出功率突变时直流电压出现较大波动，从而降低直流电压波动对并网变换器控制性能的影响。

IGBT 功率模块采用全桥结构，通过控制三相桥臂中 IGBT 的开通、关断，实现对直流电压的脉冲调制，进而调整变换器输出的交流电压，该交流电压与电网电压共同作用下决定了储能单元注入电网的有功电流与无功电流。IGBT 功率模块承担了能量在交直流形式转换中的核心作用。

功率变换系统中，控制保护单元中的算法决定了储能站对电网所表现出的动态特性与保护动作行为。GB/T 34120—2017《电化学储能系统储能变流器技术规范》中对功率变换系统中储能变流器控制算法提出了相应的功能要求，如在控制功能方面，要求变流器应具备充放电功能、有功功率控制功能、无功功率调节功能、并离网切换功能、低电压穿越功能、频率/电压响应功能等；在保护逻辑方面，要求变流器应具备短路保护、极性反接保护、直流过/欠压保护、离网过流保护、过温保护、交流进线相序错误保护、通信故障保护、冷却系统故障保护、防孤岛保护等。

交流 LC 滤波器主要用于滤除功率变换系统中开关动态所造成的高频谐波分量，防止谐波分量注入电网后造成电能质量的下降，这类谐波具有频率高、分布频带宽的特点；交流接触器用于控制储能变流器并网过程中与电网的连接；交流 EMI 滤波器则主要用于滤除储能变流器开关动态过程中 dv/dt 所造成的共模干扰，防止其造成高频辐射影响电子元器件的正常运行；功率半导体器件对过电压较为敏感，高电压可造成功率半导体击穿失效，故需在功率变换系统交流端设计避雷器以防止异常过电压对设备造成损坏。

干式变压器主要用于将功率变换系统中储能变流器输出的低压交流电转换为 10kV 或 35kV 电压等级以接入公用电网。目前主流的大容量电池储能单元所采用的干式变压器容量一般为 1250kVA。干式变压器具有抗短路能力强、维护工作量小、运行效率高、体积小、噪声小等优点。

3.1.3 电池储能功率变换系统的基本控制

储能变流器的控制算法设计中为使注入电网电流满足并网标准，一般对其输出电流进行直接控制，较为常见的电流控制算法是采用基于电压定向的电流矢量闭环控制。同时为了满足电池储能系统的有功控制、无功/电压控制，储能变流器会设计控制响应速度较慢的有功控制环与无功/电压控制环。本文选取主流的同步旋转坐标系双比例积分调节 PI 控制结构进行讨论，其控制结构的框图如图 3-5 所示。对于比较典型的储能变流器控制结构，其控制环路大致包含响应速度较慢的外环（如有功功率控制环、端电压控制环/无功功率控制环）、锁相环和电流控制环。下文将具体对各个控制环功能进行相应的说明。

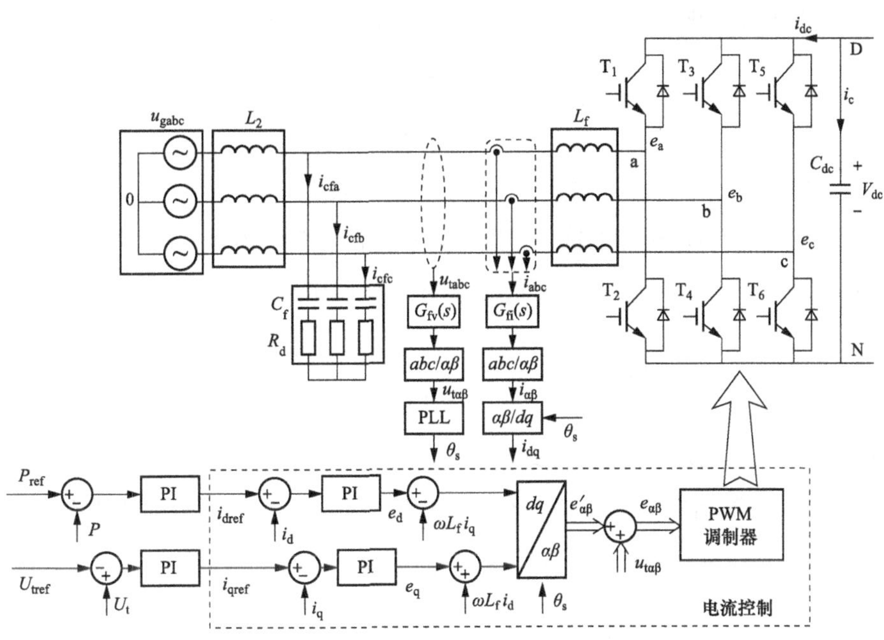

图 3-5 储能功率变换系统的拓扑结构与控制结构

（1）锁相环。较传统同步发电机利用转子运动实现机网同步运行不同，储能变流器与电网的同步依赖于设计的数字算法。其中较为广泛使用的同步方式借鉴于通信领域的锁相环（phase-locked loop，PLL）技术。变换器中锁相环具体的结构如图 3-6 所示。

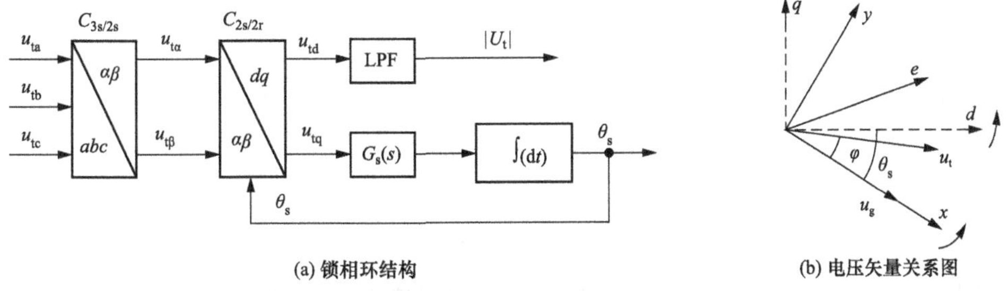

图 3-6 储能变流器中锁相环的结构与电压矢量关系图

图 3-6 中坐标变换 $\boldsymbol{C}_{3s/2s}$ 与 $\boldsymbol{C}_{2s/2r}$ 实现了信号从静止坐标系向锁相坐标系之间的转换。在采用恒幅值变换的条件下 $\boldsymbol{C}_{3s/2s}$ 可表达为式（3-1）

$$\boldsymbol{C}_{3s/2s}=\frac{2}{3}\begin{bmatrix}1 & -\frac{1}{2} & -\frac{1}{2}\\ 0 & \frac{\sqrt{3}}{2} & -\frac{\sqrt{3}}{2}\end{bmatrix} \tag{3-1}$$

与之对应的逆变换，即两相 $\alpha\beta$ 静止坐标系到三相 abc 静止坐标系的变换关系为式（3-2）

$$\boldsymbol{C}_{2s/3s}=\boldsymbol{C}_{3s/2s}^{-1}=\begin{bmatrix}1 & 0\\ -\frac{1}{2} & \frac{\sqrt{3}}{2}\\ -\frac{1}{2} & -\frac{\sqrt{3}}{2}\end{bmatrix} \tag{3-2}$$

信号由两相 $\alpha\beta$ 静止坐标系到两相 dq 旋转坐标系的矩阵关系为式（3-3）

$$\boldsymbol{C}_{2s/2s}=\begin{bmatrix}\cos\theta & \sin\theta\\ -\sin\theta & \cos\theta\end{bmatrix} \tag{3-3}$$

式中　θ——变换所对应的目标坐标系与公共参考坐标系之间的夹角。

具体可见图 3-6 中为锁相环的输出角度 θ_s，也即图 3-6 中锁相坐标系 dq 与公共参考坐标系 xy 之间的夹角。式（3-3）所对应的逆变换可表示为

$$\boldsymbol{C}_{2r/2s}=\boldsymbol{C}_{2s/2r}^{-1}=\begin{bmatrix}\cos\theta & -\sin\theta\\ \sin\theta & \cos\theta\end{bmatrix} \tag{3-4}$$

图 3-6 中的 G_s（s）模块表示锁相环中的比例积分调节器，其功能是在 u_{tq} 不为零时，调节输出，使得锁相环输出相位 θ_s 最终与端电压相位一致，其传递函数表达式为

$$G_s(s)=k_{ps}+\frac{k_{is}}{s} \tag{3-5}$$

式中　k_{ps}、k_{is}——调节器的比例、积分系数。

图 3-6 中的 LPF 则为一阶低通滤波模块，用于滤除 u_{td} 中的高频谐波分量，从而得到端电压矢量的幅值信 U_t。

根据图 3-6 中的结构，若假定端电压的表达式为 $u_t=U_t e^{j\varphi}$，则图中 u_{td}、u_{tq} 可表示为

$$\begin{cases}u_{td}=U_t\cos(\varphi-\theta_s)\\ u_{td}=U_t\sin(\varphi-\theta_s)\end{cases} \tag{3-6}$$

不难从式（3-6）中看出，当 θ_s 与端电压相位 φ 相等时，端电压在锁相坐标下的 q 轴分量 u_{tq} 等于 0，也即实现了与电网的相位同步。图 3-6 中的矢量关系图直观地展示了各个空间矢量的位置信息。

（2）电流控制环。储能变流器的电流控制环路主要包括被控对象与电流调节器。其中被控对象视所设计的被控电流而定，一般可选取逆变侧电感电流或滤波电容后级的注入电网电流。这两种电流采样反馈的方式各具特色，其中逆变侧滤波电感电流由于直接可受到储能变流器输出内电势的调节，其受控的抗扰能力更强。根据图 3-5 中主电路的关系可知，电流控制环路中被控对象的数学模型可表示为

$$L_t\frac{d\boldsymbol{i}_{abc}}{dt}=\boldsymbol{e}_{abc}-\boldsymbol{u}_{tabc} \tag{3-7}$$

式（3-7）中忽略了交流滤波电感上的寄生电阻。

上式也可利用旋转 dq 坐标系下的矢量进行表示，并对电流动态项进行微分展开后约去等式两边的旋转因子，即可得到交流滤波电感 L_f 在 dq 坐标系下的模型为

$$L_t\frac{d\boldsymbol{i}_{dq}}{dt}+j\omega_0 L_f\boldsymbol{i}_{dq}=\boldsymbol{e}_{dq}-\boldsymbol{u}_{tdq} \tag{3-8}$$

为实现对交流滤波电感 L_f 电流的有效控制，根据式一般可设计同步旋转 dq 坐标系下的控制器为

$$e_{dq} = \left(k_{pc} + \frac{k_{ic}}{s}\right)(i_{dqref} - i_{dq}) + j\omega_0 L_f i_{dq} + u_{tdq} \tag{3-9}$$

式中，k_{pc}、k_{ic}——对应电流调节器的比例、积分参数。$j\omega_0 L_f i_{dq}$对应滤波电感电流在 dq 坐标系下的耦合量，用于降低控制中有功、无功电流的耦合。u_{tdq}对应储能变流器端电压在锁相同步 dq 坐标系中的映射，用于降低端电压波动对电流控制的影响。式（3-9）所对应的数学关系可转换为图 3-5 所示的框图形式。

（3）有功功率与无功/电压控制。电池储能系统需具有有功控制、无功控制与电压控制等控制模式，具体实现则依托功率变换系统。具体的储能功率变换系统有功功率与无功/电压控制如图 3-5 所示，一般采用比例积分控制，但对应控制器带宽设计需考虑与电流控制内环的匹配，否则可能造成系统控制的失效，导致电池储能系统无法正常运行，甚至损坏设备。通过有功功率与无功/电压控制，电池储能站可实现对有功、无功/电压的解耦控制，优化其并网动态特性。有功功率与无功/电压控制对应的参数由设备供应商在研发阶段确定，并在调试阶段根据具体电池储能站接入系统的运行条件进行调整，运维人员无相关修改权限。

3.2　电池储能站功率变换系统的操作指南

本小节主要以某设备厂商电池储能站功率变换系统为代表，就其日常运行操作进行简要介绍，为运维人员提供操作参考。

3.2.1　功率变换系统的人机交互接口

功率变换系统人机交互接口位于功率变换系统柜体前部，如图 3-7 所示。一般电池储能功率变换系统的人机接口包括急停按钮、启停操作旋钮、直流开关旋钮、指示灯和交流断路器把手。

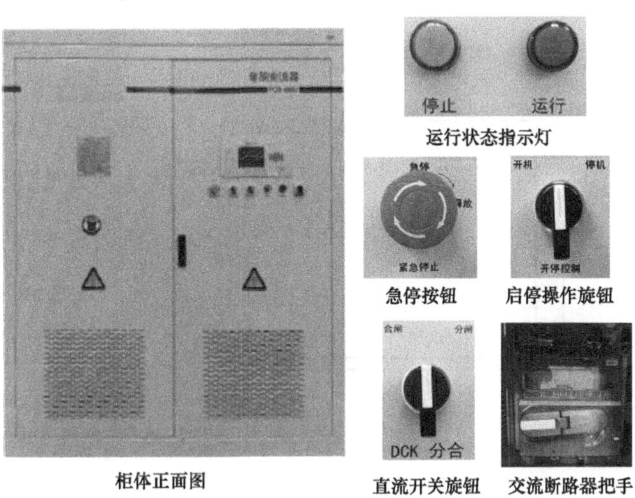

图 3-7　储能功率变换系统人机交互接口

图 3-7 中 LED 指示灯用于展示储能功率变换系统的运行状态，具体对应关系见表 3-1。

表 3-1　　LED 指示灯与对应储能功率变换系统运行状态

名称	颜色	说　明
停止	绿色	储能变流器停止工作
运行	红色	储能变流器正在工作

图 3-7 中紧急停机按钮被按下时，直流开关脱扣，交流并网接触器分开，变流器停止工作。急停开关可在系统运行异常时立即断开变流器与电网的连接，保护变流器的安全。在故障排除之后，系统重新运行之前，切记要将急停开关旋起。此外在装置正常运行的情况下，请按照流程进行正常的关机操作，不要随意按下紧急停机按钮。

图 3-7 中启停操作旋钮被旋钮旋转至“停机”位置，变流器即刻停机。操作旋钮至“开机”位置，可启动变流器。

图 3-7 中直流开关旋钮用于控制功率变换系统直流侧断路器的通断，在控制装置上电情况下，旋钮旋转至“分闸”，直流开关将分闸；旋钮旋转至“合闸”，且合闸条件允许时，直流开关将合闸。

图 3-7 中交流断路器把手是用于手动分合储能功率变换系统交流侧断路器，把手旋转至分位“OFF”，交流断路器将分闸；把手旋转至合位“ON”，则交流断路器将合闸。

3.2.2　功率变换系统的操作面板

储能功率变换系统装置面板图如图 3-8 所示。一般而言，装置显示面板由液晶显示模块、键盘、指示灯以及通信处理器组成，通信处理器完成液晶显示模块的显示控制，键盘控制及与 CPU 的数据通信等。PCS 厂家的面板提供 RJ-45 以太网口可用于装置配置及调试。

图 3-8 中面板上的信号指示灯包括：“运行”“告警”“脉冲闭锁”和“允许并网”。各指示灯的含义如下：

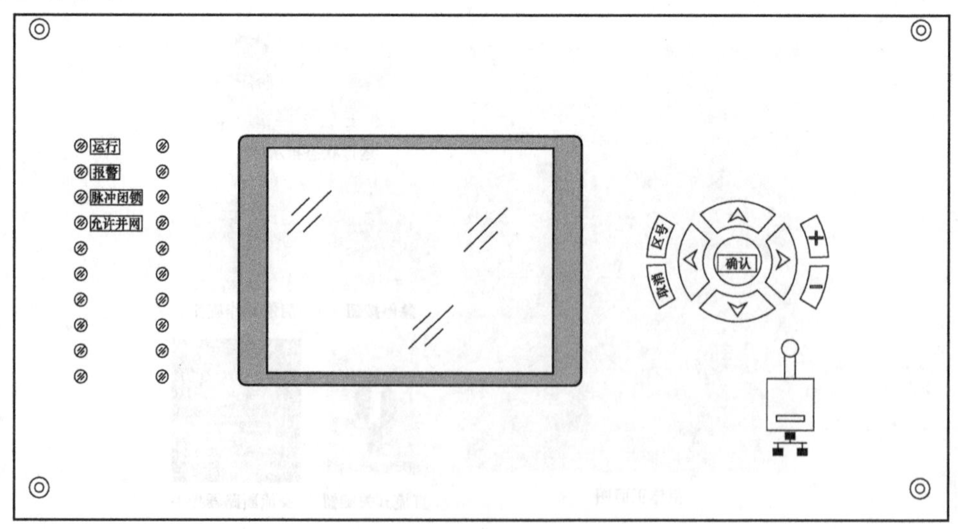

图 3-8　储能功率变换系统的装置面板图

（1）“运行”：绿色。正常时，运行灯亮。当装置检测到定值出错，RAM/ROM 自检出错，板卡间通信错误、出口回路异常或装置死机时，运行灯熄灭。在故障消除后，运行灯不能自动恢复，需给装置重新上电或在菜单中选择装置复位，使装置重新初始化。运行灯熄灭时装置闭锁，同时闭锁所有出口正电。装置重启过程中运行灯熄灭，直到装置完全启动，这个过程大概持续 30s 左右，若超过 1min 运行灯仍未亮，则装置可能启动失败，请记录液晶窗口提示的错误信息并与厂家联系。

（2）“告警”：黄色。正常时，报警灯熄灭。当装置检测到一些异常状态时，报警灯亮。故障消失后，报警灯可自动熄灭。告警灯亮时装置仍在正常运行。

（3）“脉冲闭锁”：装置有脉冲闭锁装置时，灯亮。

（4）“允许并网”：装置实时监测交流侧和直流侧信息，当满足并网条件时，灯亮。

面板上键盘包括“▲”“▼”“◀”“▶”“＋”“－”“确认”“取消”“区号”等 9 个按键。按键与液晶显示配合完成定值整定、报告显示、打印等。各按键的具体作用为：

（1）“▲”“▼”“◀”“▶”用于移动光标。

（2）“＋”“－”用于修改数字从“0～9”变化。

（3）“确认”用于确认某项选择。

（4）“取消”用于取消某项选择。

（5）“区号”用于切换不同定值区。

3.2.3 功率变换系统的开机操作

开机前，请检查确认电源接线正确，一次设备开关为断开位置。拨动装置电源板的按钮，装置上电。液晶板上应有显示。

正常情况下装置启动时间不超过 30s，若超过此时间装置运行灯未亮，或者启动进度条长时间不动，或者启动过程中界面上出现英文错误提示，则表示装置启动异常，需重新断电后再开机，如果故障未消除需及时联系厂家解决。

3.2.4 功率变换系统液晶界面下菜单的操作

在液晶显示正常时，按键盘“▲”键可以进入主菜单，界面如图 3-9 所示，用“▲”“▼”键移动光标选择相应的条目，按“确认”键或“▶”键可进入下一级画面，如图 3-10 所示，按“◀”键返回上一级菜单。若该条目无下一级菜单，按“确认”键进入选择功能。

此外，装置设有快捷菜单，可以记录最近五次操作过的菜单界面，如果超过 5 次的话，最后的操作记录将替换掉最早的操作记录。装置初始上电时，快捷菜单中不会记录任何菜单界面。

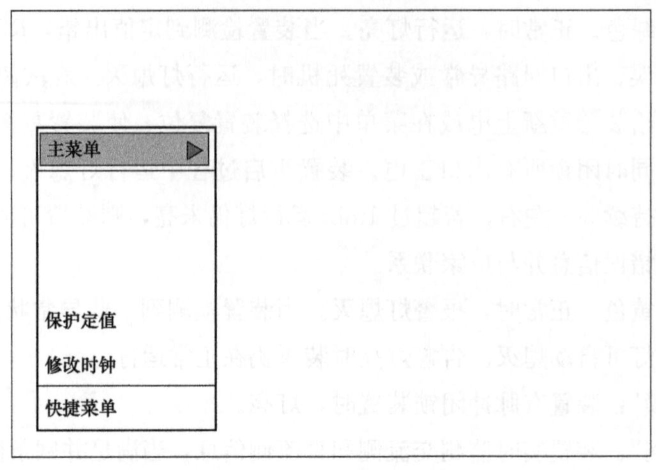

图 3-9　按“▲”键后，装置主菜单界面

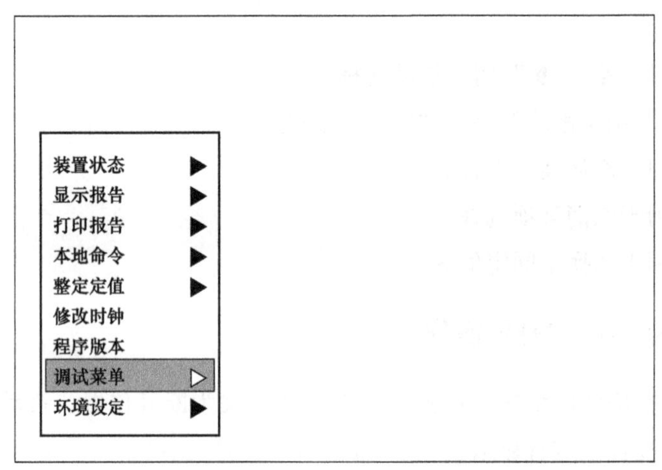

图 3-10　选择“主菜单”后的装置界面

3.2.5　查看功率变换系统状态

图 3-10 中装置状态菜单主要用于实时显示本装置测量采样值、开入和遥信量等信息，便于用户掌握装置当前运行状态。具体可查看的状态见表 3-2。

表 3-2　“装置状态”子菜单介绍

序　号	子菜单名称	描　述
1	保护测量	显示本装置的保护测量信息
2	启动测量	显示本装置的启动测量信息
3	开入信息	显示本装置的开入量信息
4	遥信显示	显示本装置的遥信量信息

“装置状态”子菜单全面地反映了装置的运行环境和状态，只有这些量的显示值与实际运行情况一致，装置才能正确工作，投运时必须对这些量进行检查。

3.2.6 查看与打印功率变换系统相关报告

在装置菜单栏中有“显示报告”与“打印报告”两个子目录，通过“▲”“▼”键上下滚动可选择显示的报告类型，按“确认”键进入报告显示界面。首先显示最新的一条报告；按“－”键显示前一个报告，按“＋”键显示后一个报告。如果一个报告的所有信息不能在一屏内完全显示，则通过“▲”“▼”键上下滚动查看。按“取消”键退出至上一级菜单。装置中具体对应的报文见表 3-3。

表 3-3　“报告显示”子菜单介绍

序　号	子菜单名称	描　述
1	动作报文	显示装置保护动作等信息
2	自检报文	显示装置自检的信息
3	变位报文	显示遥信变位的信息
4	运行报文	显示装置复位、定值修改等装置本身的信息

通过“▲”“▼”键上下滚动可选择显示的报告类型，按“确认”键可打印对应的报文。

3.2.7 功率变换系统的定值设置

储能功率变换系统的定值包括装置参数、装置通信参数与保护定值的设定。参数整定的办法：将光标移到需要修改的定值所在行，按下“确认”键，会出现修改界面，包括当前值、修改值、最小值、最大值等条目，光标会自动停在修改值位置，按“▲”“▼”键修改值，记住修改后的值不要超出最大最小值范围，修改完成后按“确定”键返回，或者按“取消”键放弃，若定值修改值发生变化后，按“确定”返回上级菜单，再按“取消”退出参数修改菜单后会出现对话框“是否保存?”，若选择“是”则要求输入密码，本装置固定密码为“＋◀▲－”四位密码，密码输入正确后，定值保存并立即生效，无需重启。

（1）装置参数的设置。装置参数设置中，用户可整定的装置参数，见表 3-4。

表 3-4　装 置 参 数 表

序号	名称	默认值	范围	描　述
1	信号一、二次值显示选择	0	[0，1]	0—一次值，1—二次值
2	参数一、二次值显示选择	0	[0，1]	0—一次值，1—二次值

（2）通信参数设置见表 3-5。

表 3-5　通 信 参 数 表

序号	名称	默认值	范围	描　述
1	A 网 IP 地址	198.120.0.250		
2	A 网子网掩码	255.255.0.0		
3	A 网使用	1	[0，1]	0—不使用，1—使用

续表

序号	名称	默认值	范围	描 述
4	B网IP地址	198.120.0.250		
5	B网子网掩码	255.255.0.0		
6	B网使用	0	[0，1]	0—不使用，1—使用
7	C网IP地址	198.120.0.250		
8	C网子网掩码	255.255.0.0		
9	C网使用	0	[0，1]	0—不使用，1—使用
10	D网IP地址	198.120.0.250		
11	D网子网掩码	255.255.0.0		
12	D网使用	0	[0，1]	0—不使用，1—使用
13	串口A通信地址	1	0～255	
14	串口A波特率	2	0～5	0—4800，1—9600，2—19200，3—38400，4—57600，5—115200
15	串口B通信地址	1	0～255	
16	串口B波特率	2	0～5	0—4800，1—9600，2—19200，3—38400，4—57600，5—115200
17	串口A通信协议	0	0～9	0—IEC103，1—MODBUS
18	串口B通信协议	0	0～9	0—IEC103，1—MODBUS
19	外部时钟源	0	0～3	
20	厂站名称			
21	自动打印投入	0	0，1	0—不自动打印，1—自动打印
22	高速打印使能	1	0，1	0—不使能，1—使能

（3）保护定值设置，见表3-6。

表3-6　　保护定值表

序号	分类	名称	默认值	单位	范围	描述
1	额定值	额定功率	500	kW	0～1000	
2		额定电压	250	V	0～1000	
3		额定频率	50	Hz	0～60	
4		功率调节速率	100	kW/s	0～10000	
5	功率控制	有功功率上限	550	kW	0～550	
6		无功功率上限	240	kvar	0～300	
7		交流有功手动设定	0	kW	−550～550	
8		交流无功手动设定	0	kvar	−290～290	
9		功率因数手动设定	1.00		−1.00～1.00	
10		直流功率设定值	0	kW	−550～550	
11		直流电压参考设定	650	V	200～900	
12	保护定值	直流欠压停机定值	480	V	0～1000	
13		直流欠压速断定值	50	V	0～1000	
14		直流过压保护定值	880	V	0～1000	

续表

序号	分类	名称	默认值	单位	范围	描述
15	保护定值	直流过压速断定值	930	V	0～1000	
16		直流过流保护定值	1250	A	0～3000	
17		直流过流速断定值	1600	A	0～3000	
18		交流侧过流保护定值	1250	A	0～3000	
19		交流侧过流速断定值	1600	A	0～10000	
20		负序电压保护定值	50	V	0～200	
21		负序电流保护定值	125	A	0～10000	
22		过载功率保护定值	560	kW	0～100000	
23		交流欠压Ⅰ定值	0.5	p. u.	0.50～1.50	
24		交流欠压Ⅱ定值	0.85	p. u.	0.50～1.50	
25		交流过压Ⅰ定值	1.3	p. u.	0.50～1.50	
26		交流过压Ⅱ定值	1.2	p. u.	0.50～1.50	
27		交流过压Ⅲ定值	1.1	p. u.	0.50～1.50	
28		交流欠频Ⅰ定值	48	Hz	40～70	
29		交流欠频Ⅱ定值	49.5	Hz	40～70	
30		交流过频Ⅰ定值	50.5	Hz	40～70	
31		交流过频Ⅱ定值	50.2	Hz	40～70	
32		模组过温报警定值	85	degree	0～90	
33		模组过温动作定值	90	degree	0～95	
34		模组低温保护定值	−30	degree	−45～95	
35		模组风机启动温度定值	60	degree	0～70	
36		模组风机停止温度定值	35	degree	30～60	

3.3 电池储能站功率变换系统的日常维护

电池储能功率变换系统的日常运维包括运行状态下的维护与停机状态下的维护，本小节将就这两种状态分别简述其维护方式。

3.3.1 运行状态下功率变换系统的维护

电池储能功率变换系统处于运行状态时，可进行维护工作主要在观察设备外观及查看运行日志，这一维护工作可每月进行一次。

(1) 运行状态及运行日志查看。这一运维工作具体可分为：

1) 检查模拟量电压、电流、功率等模拟量是否正常。

2) 利用红外枪检查集装箱内温度或设备机壳温度是否过高。

3) 检查交流断路器、直流开关、交流接触器、充电接触器、放电接触器和风扇启动接触器的位置信号是否正常。

4) 检查动作报文、自检报文、变位报文、运行报文。

(2) 设备运行外观状态检查。

1) 检查人机交互面板上 LED 指示灯是否运行正常。

2）检查交流/直流断路器是否处于合位。

3）检查集装箱与内部柜体是否损坏或变形。

4）检查设备运行时是否有异常声音或响动。

5）检查设备是否有燃烧的气味，若存在，则需及时停机查找原因。

6）检查风扇运行情况，观察风扇叶片是否有裂痕，运行时是否有异常噪声，特别是重点关注进风口和出风口的通风情况，若进气滤网及排气通路不畅，需及时清洗或更换滤网。

7）检查集装箱内的湿度及灰尘是否过重，若过重则需及时打扫储能集装箱。

8）检查警告标识是否清晰，必要时更换。

9）检查各消防设备配置是否完备，功能是否正常。

3.3.2 停机状态下功率变换系统的维护

电池储能功率变换系统在停机状态下，可进行更为详细、全面的维护操作，具体包括对设备的清洁、设备内部和外观检查、一次回路检查、电抗器检查、防雷器检查、电缆与母排检查、绝缘和支撑件检查、螺栓连接扭矩检查、干式变压器检查等。

（1）设备清洁。对设备的清洁处理包括如下内容。

1）清除主要设备上的灰尘，如母线、断路器、电源模块、电抗器等。

2）清除二次设备上的灰尘，如控制单元、直流电源模块等。

3）清除风扇过滤器内的灰尘，确保通风良好。

4）使用清洁剂清洁屏柜和功率变换系统所在集装箱/房间。

5）检查功率变换系统所在集装箱/房间周围是否清洁，地板是否有水，屋顶是否漏水，以及清除杂草。

（2）设备内部和外观检查。停机状态下，运维人员可更为深入、全面的清查设备内部元件的外观状态，具体包括如下内容。

1）检查内部柜体是否完好，是否有过热、接触变色、变形或振动等缺陷。

2）检查电缆连接是否牢固，检查转换器位置是否变化，检查绝缘距离是否正常。

3）检查电缆孔是否有间隙，避免小动物进入。

（3）一次回路检查。对一次回路的检查是为了及时发现功率变换系统长期带负荷运行所造成的设备缺陷，具体包括如下检查内容。

1）检查电缆连接是否松动，如果存在，需及时进行紧固处理。

2）检查电缆之间或电缆与铜排之间的连接是否变色，如果变黄或变黑，可能是因为过热导致。

3）检查元件（如铜带，螺钉和螺栓）是否存在松动、破损、变色、变形或是否有放电痕迹，如果存在，需立即进行处理。

4）用万用表检查变流器接地端子与接地铜排之间，接地铜排与接地网之间的接地连接是否正常。

5）检查直流母线对地绝缘电阻应大于规定值。

（4）检查滤波电感。

功率变换系统交流侧电抗器的检查主要为外观检查，具体内容如下。

1）检查铁芯外观是否光滑，叠片之间是否有短路，是否有变色，放电或烧迹，如存在类似问题，需及时消缺。

2）检查对应一次电路连接处是否积灰严重，若存在该问题，需及时清扫。

3）检查电抗器部件的密封性，如铁芯、夹具、线圈压板。检查电抗器绝缘是否良好，连接电缆是否包裹良好且完好无损。

4）检查电抗器的绝缘支架是否松动，有裂缝或移位，检查连接电缆是否固定在支架上。

（5）检查交直流侧电缆与母排。

交直流侧的电缆与母排在正常运行时通过电流较大，维护过程需确保元件质量符合运行标准，具体维护内容如下。

1）检查母排是否有变质、开裂、剥落或过热的迹象。

2）检查母排是否有电弧放电的迹象。

3）检查电缆绝缘层是否有变质、开裂、剥落或过热的迹象。

4）确保所有母排、电缆和连接处清洁干燥。

（6）检查绝缘和支撑件。

1）检查是否有变色、熔化、开裂、碎片和其他物理损坏或变质的迹象。

2）用不起毛的抹布清洁所有松散的污垢。对于不易去除的污染物，可以使用制造商认可的溶剂。

3）检查在运行过程中可能导致短路或闪络的潮湿迹象。

4）检查周围区域是否有短路、电弧放电或过热的迹象。

5）根据需要修理或更换损坏的绝缘和支撑件。

6）检查任何不同金属接触的地方是否有电流作用的迹象。

（7）检查螺栓连接扭矩。

1）根据制造商的规格，确保螺栓和连接装置紧固。

2）确保有多个螺栓的连接处得到紧固。

3）任何需要重新扭矩的连接都应重新标记并记录为需要重新扭矩。应在螺栓，螺钉/螺母，垫圈和锁紧垫圈上画上标记，以显示连接是否松动。

（8）检查变压器。

1）断开变压器电源后，用吸尘器清洁所有松散灰尘或污垢沉积物。

2）检查变压器是否有过热、变质、电弧、零件松动或损坏或其他异常情况。

3）确保任何封闭式控制变压器的变压器通风口没有灰尘、污垢积聚和阻塞。

（9）其他元件的检查。

1）检查防雷器是否需要更换（观察防雷器的指示灯，若指示防雷器损坏，则需及时更换）。

2）检查控制板件端子连接是否紧固，对表面积灰进行清理，注意戴上静电手环和静电手套进行处理。

3.4 电池储能站功率变换系统主要设备的运行管理

3.4.1 储能变流器的运行管理

1. 巡视与检查

（1）例行巡视检查项目及要求。

1）储能变流器的外观应洁净、无破损。

2）储能变流器的交、直流侧电压和电流正常。

3）储能变流器的指示灯、电源灯显示正常。

4）储能变流器的监控系统界面显示正常，软件版本和参数设置正确无误，无硬件和配置类告警信息。

5）储能变流器的操作方式选择开关投切位置正常。

6）储能变流器室内温度正常，照明设备完好，排风系统运行正常，室内无异常气味。

7）储能变流器在运行过程中声音无异常。

8）储能变流器的冷却系统和不间断电源工作正常，无异响。

9）各控制箱、端子箱设备编号、铭牌、标示齐全、清晰、无损坏，门锁齐全完好，锁牌正确，箱内无异常响声、冒烟、烧焦气味。

（2）全面巡视检查项目及要求。储能变流器的全面巡视应在日常巡视基础上增加以下内容。

1）各控制箱、端子箱门应关严，无受潮，凝露现象，驱潮装置完好，电缆孔洞封堵完好，温控装置工作正常，加热器按季节和要求正确投退。

2）箱内各快分开关、操作把手投退正确，电缆槽板、电缆吊牌均应清洁，箱内接线无松动、破损、裂纹、积灰现象，无裸露铜线，箱内照明完好。

3）如红外热像仪检测有发热现象，应在白天详细观察，是否存在异常。

4）储能变流器基础完好，无开裂，塌陷等情况。

5）检查变压器各部件的接地应完好，接地扁铁无锈蚀松动现象。

6）各控制箱、端子箱箱体接地完好，无开裂、塌陷等情况。

（3）熄灯巡视检查项目及要求。每月进行一次熄灯巡视，检查本体各部件、接头有无发红发热现象。

（4）特殊巡视检查项目及要求。

1）严寒季节时巡视项目和要求。检查储能变流器导线无过紧、接头无开裂发热等现象。

2）高温季节时巡视项目和要求。检查储能变流器接头无发热等现象。

3）事故后巡视项目和要求：①重点检查信号、保护、录波及自动装置动作情况。②检查事故范围内的设备情况，如导线有无烧伤、断股。

4）高温大负荷期间巡视项目和要求：①储能变流器的负荷超过允许的正常负荷时，运维人员应及时汇报调度。②储能变流器过负荷运行时，至少每小时巡视一次，应检查并记录负荷电流，检查变压器声音是否正常、接头是否发热。

5）新设备或大修后投入运行后巡视项目和要求：①新设备投运后进行特巡。②新设备或大修后投入运行重点检查有无异声、接头是否发热等。

6）红外测温特巡项目和要求：①新建、改扩建或 A、B 类检修后的储能变流器应在投运带负荷后不超过 1 个月（但至少在 24h 以后）进行一次红外测温。②检修前必须进行一次红外测温。

7）其他应加强特巡项目和要求：①保电期间适当增加巡视次数。②带有缺陷的设备，应着重检查异常现象和缺陷是否有所发展。

2. 运行注意事项

（1）储能变流器运行前应有完整的铭牌、明显的相色标志、规范的运行编号和调度名称。

（2）储能变流器的外壳应有明显的接地标志，金属支架、底座应可靠接地，连接良好，接地电阻合格。

（3）储能变流器应具备完备的保护功能。储能变流器启动运行前，应确定储能变流器相应的保护投入。

3. 检修后验收

（1）检修后的验收注意事项。

1）储能站设备验收按照标准化作业要求进行，验收前根据验收标准及其他要求编制验收作业卡，并逐项验收。

2）储能站设备检修后，试验人员必须将检修情况记录并经运维人员验收确认，方可办理工作票终结手续。

3）在设备检修时，应在现场检修记录簿上填写检修记录（包含工作内容、试验项目是否合格、可否投运的结论等），检修人员必须签名。

（2）检修后的验收项目和要求。

1）检修试验项目齐全，试验数据符合要求。

2）现场清洁，设备上无临时短路接线及其他遗留物。

3）设备铭牌应齐全、正确、清楚。

4）二次接线应正确，连接可靠，标志齐全、清晰，绝缘符合要求。

5）光纤、排线、通信线及采样线的连接符合工艺文件要求，电缆连接螺栓、插件、端子连接牢固，无松动。

6）控制电源检查合格，具备投入条件。

7）系统具备提供直流电源的条件。

8）直流侧、交流侧电缆连接完毕，且极性（相序）正确，绝缘检查合格，具备接入条件。在设备柜及电缆安装后，孔洞封堵和防止电缆穿管积水、结冰等措施检查。

9）机箱外壳安全接地检查合格，具备接入条件。

10）若变流器配有手动分合闸装置，其操作灵活可靠，接触良好，开关位置指示正确。若变流器配有专用的冷却散热设施，其安装完毕并具备接入使用条件。

11）各表计正常、断路器无脱扣，接线无松动、发热及变色现象。

12）通风状况和温度检测装置正常。

3.4.2 干式变压器的运行管理

1. 巡视与检查

（1）正常巡视检查项目及要求。

1）设备出厂铭牌齐全、清晰可识别，运行编号标识、相序标识清晰可识别。

2）引线接头处，接触良好，无过热发红现象，无断股、散股。

3）变压器外观完整，表面清洁，各部连接牢固。

4）无异常振动和声响。

（2）全面巡视检查项目及要求。变压器的全面巡视应在日常巡视基础上增加以下内容。

1）如红外热像仪检测有发热现象，应在白天通过肉眼或高清望远镜进行详细观察，是否存在裂纹。

2）变压器基础完好，无开裂，塌陷等情况。

3）检查变压器各部件的接地应完好，接地扁铁无锈蚀松动现象。

4）各控制箱、端子箱箱体接地完好，无开裂，塌陷等情况。

（3）熄灯巡视检查项目及要求。每周进行一次熄灯巡视，检查变压器引线、接头有无放电和发红迹象。

（4）特殊巡视检查项目及要求。

1）严寒季节的巡视项目和要求。检查变压器导线无过紧、接头无开裂发热等现象。

2）高温季节的巡视项目和要求。检查变压器接头无发热等现象。

3）事故后巡视项目和要求：①重点检查信号、保护、录波及自动装置动作情况。②检查事故范围内的设备情况，如导线有无烧伤、断股情况，绝缘子有无污闪、破损情况。

4）高温大负荷期间巡视项目和要求：①当变压器的负荷超过允许的正常负荷时，运维人员应及时汇报调度。②当变压器过负荷运行时，至少每小时巡视一次，应检查并记录负荷电流，检查变压器声音是否正常、接头是否发热。

5）新设备或大修后投入运行后巡视项目和要求：①新设备投运后进行特巡。②新设备或大修后投入运行重点检查有无异声、接头是否发热等。

6）红外测温特巡项目和要求：①月度进行一次红外测温，高温高负荷期间应增加测温次数，测温时使用作业卡。用红外热像仪检查运行中变压器本体、接头等其他部位，红外热像图显示应无异常温升、温差或相对温差。检测和分析方法参考 DL/T 664《带电设备红外诊断应用规范》。②新建、改扩建或 A、B 类检修后的变压器应在投运带负荷后不超过 1

个月（但至少在 24h 以后）进行一次红外测温。③检修前必须进行一次红外测温。

7）其他应加强特巡项目和要求：①保电期间适当增加巡视次数。②带有缺陷的设备，应着重检查异常现象和缺陷是否有所发展。

2. 运行注意事项

（1）维护内容、要求及轮换试验周期。

1）变压器室内装有温控器的电热装置入冬前应进行一次全面检查并投入运行，当气温低于 5℃时应复查电热装置是否正常启动。

2）变压器室内驱潮装置应在雨季来临之前进行一次全面检查并投入运行，发现缺陷及时处理。当湿度大于 75%时，应检查驱潮装置是否正常启动。

3）储能站内的备用站用变压器（一次不带电）每年应进行一次启动试验，长期不运行的站用变压器每年应带电运行一段时间。

4）噪声检测应每年测一次。

（2）变压器本体运行规定。

1）变压器的外加一次电压可以比额定值高，但一般不应超过相应电压分头额定值的 5%，且各侧电流均不得超过相应分头位置所对应的额定电流值。当一次电压达到或超过相应电压分头额定值的 5%时，应申请调度降低系统电压，加强监视。

2）当变压器有较严重的缺陷（如有局部过热现象）或绝缘有弱点时，不宜超额定电流运行。

3）运行巡视时重点检查噪声、振动等运行状态。发现异常应认真分析、及时汇报，并采取有效的应急措施。

（3）变压器正常过负荷运行规定。

1）变压器可以在正常过负荷和事故过负荷的情况下运行，正常过负荷可以经常使用，其允许值根据变压器的负荷曲线及过负荷前变压器所带的负荷等来确定。事故过负荷只允许在事故情况下使用。

2）有缺陷的变压器（如有局部过热现象）或绝缘有缺陷时，不宜过负荷运行。

3）变压器的载流附件和外部回路元件应能满足超额定电流运行的要求，当任一附件和回路元件不能满足要求时，应按负荷能力最小的附件和元件限制负荷。

4）变压器的结构件不能满足超额定电流运行的要求时，应根据具体情况确定是否限制负荷和限制的程度。

5）变压器的过负荷倍数和持续时间要视变压器热特性参数、绝缘状况、冷却装置能力等因素来确定。

6）停运时间超过 6 个月的变压器在重新投入运行前，应按 C 类检修规程要求进行有关试验。长期备用的变压器应按正常的 C 类检修周期进行试验。

3. 检修后验收

储能站的新建、扩建、改建工程，以及检修后的一、二次设备和自动化、通信设备必须按照有关规程标准验收合格后，方能投入系统运行。

(1) 检修后的验收注意事项。

1) 储能站设备验收按照标准化作业要求进行，验收前根据验收标准及其他要求编制验收作业卡，并逐项验收。

2) 检修人员到储能站进行设备检修时，现场的工器具，拆下零件及材料备品应摆放整齐。

3) 每日收工后，均应将工作现场收拾干净，工作完毕后，应修复因检修损坏的场地。

4) 无人值班储能站必须进行远方“四遥”功能的整组联合试验合格后，方能投入系统运行。

5) 储能站设备检修后试验人员必须将检修情况记录并经运维人员验收确认，方可办理工作票终结手续。

6) 设备检修时，应在现场检修记录簿上填写检修记录（包含工作内容、试验项目是否合格、可否投运的结论等），检修人员必须签名。

(2) 变压器检修后的验收项目及内容。

1) 检修试验项目齐全，试验数据符合要求。

2) 现场清洁，设备上无临时短路接线及其他遗留物。

3) 设备铭牌应齐全、正确、清楚。

4) 其他内容包括：①二次电缆排列应整齐，绑扎牢固，绝缘良好。②变压器整体油漆均匀完好，相色正确。

3.5 电池储能站功率变换系统常见故障及处理

本小节重点针对电池储能站功率变换系统中交/直流断路器、功率变换模块及其控制保护单元、干式变压器等重要部件的常见故障及其处理办法进行梳理，以供运维人员在实际工作进行参考。

3.5.1 功率变换系统中交/直流断路器常见故障及处理

直流侧断路器连接在储能电池与功率变换模块之间，交流断路器连接在功率变换系统与交流电网之间。当功率变换系统或储能电池堆运行异常时，直流断路器起到隔离电池堆与功率变换系统的作用，交流断路器起到隔离功率变换系统与交流电网的作用，它们是电池储能站中设备保护的重要一环，其正常工作与否直接关系到电池储能站的安全运行水平。

交/直流断路器工作过程中，重要故障主要表现为“拒动”，即“拒合”或“拒分”。其中，“拒合”故障基本上是在合闸操作过程中发生。断路器“拒合”的原因分析及处理可分步进行：①检查拒绝合闸是否因操作不当引起，尝试采用正确的合闸操作重新合闸；②合闸相关回路是否正常，确保合闸控制电源投入、合闸控制回路熔断器及合闸回路熔断器良好、合闸接触器的触点正常；③在电气回路正常情况下，断路器仍不能合闸，则说明是机械方面故障，需停电检修。直流断路器“拒分”故障可采用类似步骤进行判别。

除上述重要故障外，交/直流断路器常见的电气故障还包括：控制回路断线现、分/合闸回路熔断器熔断或接触不良、分/合闸线圈发生故障等。常见的机械故障包括：传动机构连杆松动脱落、合闸铁芯卡涩、断路器分闸后机构未复归到预合位置、跳闸机构脱扣、合闸电磁铁动作电压过高，使挂钩未能挂住、分闸连杆未复归、机构卡死等问题。

3.5.2 IGBT 功率变换模块及其控制保护的常见故障及处理

IGBT 功率变换模块及其控制保护是储能功率变换系统的核心元件。这些元件由于电子器件较多，在恶劣环境下出现故障的概率较高，掌握对应的常规故障分析及处理方法对电池储能站的运维具有重要意义。

(1) IGBT 本体故障。IGBT 属于半导体器件，较常规铜铁构成的电机设备存在较大的特性差异，其工作原理、工作范围由半导体材料决定。IGBT 的故障直接危害电池储能功率变换系统的运行。IGBT 本体可能出现的故障类型有过压、过流及过温。

IGBT 本体的过压可能来自直流侧与交流侧两处。直流侧的过压来自锂电池的过充。在电池管理系统正常运行的情况下，这类故障出现的概率较小。在交流侧，系统无功功率可能出现不平衡的情况，这一因素会引发系统电压的大幅波动，进而造成 IGBT 的过压。这类过压需及时将 IGBT 功率模块与电网隔离。IGBT 的过压可能造成其内部半导体材料的击穿，引发其内部短路，最终导致 IGBT 爆炸损毁，IGBT 功率模块损毁的直观示图如图 3-11 所示。

图 3-11　IGBT 功率模块损坏直观示图

IGBT 本体的过流会增加内部半导体材料的温度，长期过流可能影响到其运行寿命。造成 IGBT 过流的原因可能为控制失效、设备内部短路等。若出现这一故障，需将设备及时停运并查找原因。

IGBT 本体在运行过程中有一定的导通电阻，电流通过 IGBT 时会产生一定的功率损耗，该损耗以热量的形式向周围散发。若 IGBT 本体产生热量超过其散热回路的散热量，IGBT 本体会出现过温故障。IGBT 本体的过温会影响其使用寿命甚至造成设备损坏。为防止 IGBT 出现过温故障，需确保电池储能功率变换系统运行在合理工作范围之内；排查是否存在安装质量问题导致的异常发热（一次电路连接点接触良好，散热片贴合紧密）；及时清理装置积灰，保障 IGBT 散热回路通畅；确保电池储能功率变换系统所在集装箱冷却系统正常运行。

(2) IGBT 驱动模块故障。IGBT 驱动模块用于将控制单元输出的 PWM 波转化为驱动脉冲，控制 IGBT 的通断。驱动模块的损坏将使电池储能功率变换系统的能量转换能力失效。造成 IGBT 驱动模块损坏的原因可能来自一次侧耦合冲击，一次的过压、过流等事件耦合至驱动电路，可能造成驱动芯片的损坏。出现 IGBT 驱动模块损坏的情况，需停机更换对应电路板。

(3) 控制板件故障。控制板件是电池储能功率变换系统的“大脑”，相关的控制算法与保护算法都依托于该板件实现。当控制板件损坏时，系统无法正常启动运行。这类故障与板件制造工艺、运行环境等因素相关。长时间运行导致的电子元件老化也会造成控制板件的失效。这一故障在电池储能功率变换系统启动自检中可以被发现。当运行过程中出现由控制板件引起的异常状况时，可重启功率变换系统，若装置异常状况无法解决则需停机，并需及时联系设备供应商更换控制板件。

(4) 冷却系统故障。电池储能功率变换系统集装箱一般采用自然风冷设计，风冷系统的故障会导致设备温度异常，限制电池储能变换器的运行功率。在日常运维过程中，需确保冷却风机正常运转，保障风机风道通畅。冷却系统故障可能由温控系统故障与冷却风机故障灯因素构成。冷却系统故障时，需排查风机供电是否正常、温控器节点动作是否正常、定值整定是否合理、风机本体是否故障等问题。若出现相关元件损坏，运维人员需及时进行更换。

3.5.3　功率变换系统中干式变压器常见故障及处理

干式变压器在配电系统中应用较为广泛，其运维与检测技术较为成熟。本小节仅对其运维中绝缘过低、运行异响、绕组过热等重要问题进行了简单梳理，并就相关运维要点进行总结。

(1) 变压器绝缘电阻下降。浇注式干式变压器绕组多是由树脂浇注而成，其绝缘电阻的下降一般是由于绕组表面凝露、积灰、部分绝缘材料受潮或绝缘材料老化所致，具体可分以下两类：高低压绕组全部都是由环氧树脂浇注而成的干式变压器，若绝缘电阻下降，一般原因为绝缘材料老化、绕组表面出现凝露/灰尘等杂物；高压绕组用环氧树脂浇注而低压绕组不浇注的干式变压器，其用于紧固低压绕组的环氧板也易因吸潮造成绝缘电阻下降；安装过程中，低压绕组内部和铁芯柱之间落入杂物也将造成干式变压器的整体绝缘电阻下降。绝缘材料老化造成的绝缘电阻下降是干式变压器长期运行后所必然经历的过程，造成绝缘材料老化的因素为自然老化与电气老化。此外，变压器铁芯也可能因为绝缘覆盖漆脱落、多点接地、绝缘板受潮等因素造成其对地绝缘电阻下降，进而影响干式变压器整体的绝缘电阻。

变压器绝缘电阻下降危害其安全运行。绝缘电阻的下降可能造成干式变压器局部产生放电现象，甚至恶化成局部火灾，危害变压器的安全运行。绝缘电阻下降所引发的干式变压器局部起火事故，如图 3-12 所示。

针对干式变压器绝缘电阻的下降，需针对具体原因进行处理。在运行过程中，为降低相关故障的发生率，需注意安装过程中防止杂物落入变压器内部、检修期间注意清洁绕组表面异物、运行过程中注意进行防潮、防凝露处理。

（2）变压器运行异响。干式变压器在正常运行时，会发出连续均匀的“嗡嗡”声，如果运行声音中出现不均匀或者有其他特殊频率时，即暗示着变压器可能出现了运行异常，这时需根据声音的不同查找出原因，并及时进行处理。

图 3-12　干式变压器局部起火造成的设备严重损毁

造成变压器运行异响的原因很多，较为常见的有：①电网发生单相接地或电磁谐振时电压升高，变压器进入过励磁状态，这时变压器会发出较大的尖锐异响，显著提高变压器产生的噪声；②母线桥架连接不到位引发的震动噪声，这一噪声是由于母线并入过程中存在较大的电流，电流与磁场产生互动会使母线桥架形成一定程度的震动。处理这类变压器异响故障需停运电池储能系统，通过紧固桥架盖板、改用软连接线等方式进行处理；③电网谐波引发的异响，这类噪声往往由于电网中存在较大的谐波电流流经变压器所致，其噪声频率与谐波频率紧密相关，需通过消除电网中谐波源的方式进行处理；④变压器的风机、外壳、其他零部件因共振产生较大的噪声，这一噪声并非由变压器直接产生，对变压器本身的运行危害较小，但会对周围环境产生噪声污染；⑤安装过程中螺丝紧固不到位易使变压器产生的噪声有所放大，这一问题需通过提高安装质量进行整改。

（3）变压器绕组过热。变压器在正常运行中本体存在空载损耗与负载损耗，这些损耗产生自变压器绕组、铁芯和金属结构件中，并最终转换为热能的形式，这些热能会根据变压器绕组、铁芯和结构件热阻的影响而往外传递，并最终使变压器运行环境温度提高。当变压器损耗产生的热量与散发的热量达到平衡时，各部件温度可维持在一个恒定范围内；反之，若变压器绕组中产生的热能始终大于散发的热能，则会使变压器出现绕组过热的现象。变压器绕组过热大体可分为发热异常型、散热异常型和异常运行过热故障。

发热异常型一般是由于变压器制造质量不合格所造成。如绕组换位不合适使漏磁场在绕组各并联导体中感应的电动势存在差异，这一差异造成各并联导体存在电位差，并产生环流，环流会增大绕组通过电流，使得变压器的负载损耗增加，进而增加绕组发热；换位导线股间绝缘损伤后会形成环流，引起变压器局部过热；绕组导体焊接不良，造成焊接处接触电阻增大，进而引发焊接处过热。此外，绕组匝间有小毛刺、漏铜点等材料本身质量问题，虽然匝间不构成完全短路，会形成缓慢发热，最终产生过热现象。散热异常型通常为电池储能功率变换系统集装箱通风不良、变压器本体积灰多及环境温度高等多种因素引起，这些因素会导致绕组热量无法顺利通过空气散发，进而造成绕组过温。异常运行过热常为长期过负载或事故过负载运行、变压器的温升通常随着负荷的增大而升高，而变压器的实际温升又决定了变压器的寿命，因此，需要尽量降低变压器绕组的运行温度。

针对电池储能站功率变换系统中出现的变压器过热现象，需根据具体情况寻找过热点，及时调整负荷运行方式，降低变压器负载，跟踪记录变压器绕组的温度变化情况。增强干式变压器所在集装箱的通风能力，降低环境温度，为变压器的散热提供良好的环境基础。定期检修时注意使用吹尘器彻底清扫变压器绕组、铁芯上的积灰，降低变压器对空气的热阻。针对负荷较重，且日常发热严重的变压器，实施技改项目，加装变压器冷却装置。定期维护集装箱的温控系统，将温控仪启停风机出厂整定值调整到符合现场实际的温度范围。

第4章 储能站监控系统

储能站监控系统是全站各独立设备、子系统得以统一、有序、安全、高效运行的重要保障，基于模块化编程理念，具备丰富多样的应用功能，包括电池 SOC 管理、PCS 功率控制、数据采集与监视控制（Supervisory Control and Data Acquisition，SCADA）和调度管理等负责实现储能系统安全稳定运行的基本功能，以及电网调频、平衡输出、计划曲线、电价管理等负责电网辅助服务的特殊功能。各功能模块不配置独立装置，在同一系统平台上通过不同的界面进行功能实现，使得系统运行更加灵活高效、管理更加便捷，这也是目前储能站监控系统的发展趋势，得到了各厂家青睐。为实现上述功能，储能站监控系统一般包含基础平台、应用软件、人机界面和构架等几个部分，如图 4-1 所示。

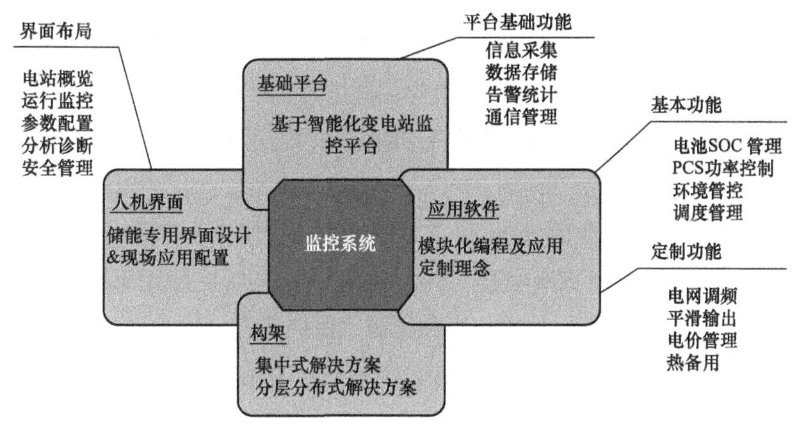

图 4-1　监控系统整体描述图

4.1　系统硬件配置

监控系统主网采用单/双 10/100M 以太网结构，通过 10/100M 交换机构建，采用国际标准网络协议。SCADA 功能采用双机热备用，完成网络数据同步功能。其他主网节点，依据重要性和应用需要，选用双节点备用或多节点备用方式运行。主网的双网配置是完成负荷平衡及热备用双重功能，在双网正常情况下，双网以负荷平衡工作，一旦其中一网络故障，另一网就完成接替全部通信负荷，保证实时系统的 100%可靠性。

（1）SCADA 服务工作站。负责整个系统的协调和管理，保持实时数据库的最新最完整备份；负责组织各种历史数据并将其保存在历史数据库服务器。当某一 SCADA 工作站故障时，系统将自动进行切换，切换时间小于 30s。任何单一硬件设备故障和切换都不会造成实时数据和SCADA功能的丢失，主备机也可通过人工进行切换。

（2）操作员工作站。完成对电网的实时监控和操作功能，显示各种图形和数据，并进行人机交互，可选用双屏。它为操作员提供了所有功能的入口；显示各种画面、表格、告警信息和管理信息；提供遥控、遥调等操作界面。

（3）前置通信工作站。负责接收各厂站（或用户）的实时数据，进行相应的规约转换和预处理，通过网络广播给计算机监控系统机系统，同时对各厂站发送相应的控制命令。信息采集包括对RTU（模拟量、数字量、状态量和保护信息）、负控终端等的采集。控制的功能包括遥控、遥调、保护定值和负控终端参数的设定和修改。双前置机工作在互为热备用状态，当其中一台工作站故障时，系统将自动进行切换。

SCADA服务工作站、操作员工作站、前置通信工作站功能可以集成在同一计算机平台实现。

（4）数据网关机（远动工作站）。负责与调度自动化系统进行通信，完成多种远动通信规约的解释，实现现场数据上送及下传远方的遥控、遥调命令。

（5）五防工作站。五防工作站主要提供操作员对变电站内的五防操作进行管理。可通过画面操作在线生成操作票；在制作操作票的过程中，可进行操作条件检测；可在画面上模拟执行操作票；系统可提供操作票模板，在生成新操作票时，只需对操作票模板中的对象进行编辑，就可生成一新操作票。系统还具有操作票查询、修改手段及按操作票按设备对象进行存储和管理功能，并可以设置与电脑钥匙的通信。

（6）Web服务器。Web服务器为远程工作站提供SCADA系统的浏览功能。安装配置防火墙软件，确保访问安全性。

（7）远程工作站。通过企业内Intranet方式（通过路由器组成广域网）和公众数据交换网Internet方式（通过电话线MODEM拨号、ISDN或DDN方式），使用EXPLORE或其他商用浏览器，实现远程浏览实时画面、报表、事件记录、保护定值、波形和系统自诊断情况。

说明：因采用多进程、多线程操作系统，因而也可以在一台计算机上运行多个应用模块。可根据现场实际情况进行节点的灵活配置。如当地监控因工作量较少，只需一台计算机即可完成所有功能。

（8）保信子站。保信子站主要提供保护工程师对变电站内的保护装置及其故障信息进行管理维护的工具，对下接收保护装置的数据，对保护主站上送各种保护信息，并处理主站下发的控制命令。保信子站关心的信息包括保护设备（故障录波器）的参数，工作状态，故障信息，动作信息。

故障录波综合分析提供保护工程师故障分析的工具，作为事故处理、运行决策的依据。故障录波综合分析不仅分析录波数据，还综合考察故障时的其他信号、测量值、定值参数等，提供多种分析手段，产生综合性的报告结果。

（9）通信管理机。负责接收各装置的实时数据，进行相应的规约转换和预处理，通过网络送给计算机监控系统机及保信子站系统，同时接收计算机监控系统机或保信子站的命令，对各保护装置发送相应的控制命令。采集信息包括四遥数据、保护模拟量、数字量、状态量和保护事件、故障录波信息等。控制功能包括遥控控制、修改定值、远方复归等。

双通信管理机工作在互为热备用状态，当其中一台管理机故障时，系统将自动进行切换。

（10）规约转换器。负责接收装置的实时数据，进行相应的规约转换和预处理，通过指定通信规约送给当地监控系统，同时接收监控系统的命令，对装置发送相应的控制命令。

4.2 监控系统架构

储能站在电力系统调度中的层级位置与变电站相当，从便于统一调度管理的角度出发，储能站监控系统对上支持 104 规约、对下提倡 61850 标准体系实现实现实时远程监控、全站无规转及完美的上、下交互。储能站中大部分数据来自 BMS，而大量的数据为非关键性的运维数据，以典型 1MWh 的磷酸铁锂电池的 BMS 数据为例，BMS 总数据量为 11174 个，而关键数据仅为 154 个，为了避免大量的运维数据占用宝贵的实时数据网络的情况出现，针对不同的应用场景，存在集中式和分层式的两种监控系统构架。

4.2.1 集中式架构

集中式监控系统将 PCS、BMS、保测装置等数据统一通过 61850 网络上送至监控系统主站，实现统一管理，统一存储和统一调阅，其架构示意图如图 4-2 所示。这种构架网络拓扑简单，监控系统成本较低，配置方便，在保证监控主机运行效率和网络数据带宽充裕的情况下，可优先考虑采用。现阶段国内已建、在建电池储能站均采用了集中式架构，运维习惯与常规变电站一致，实用性强。

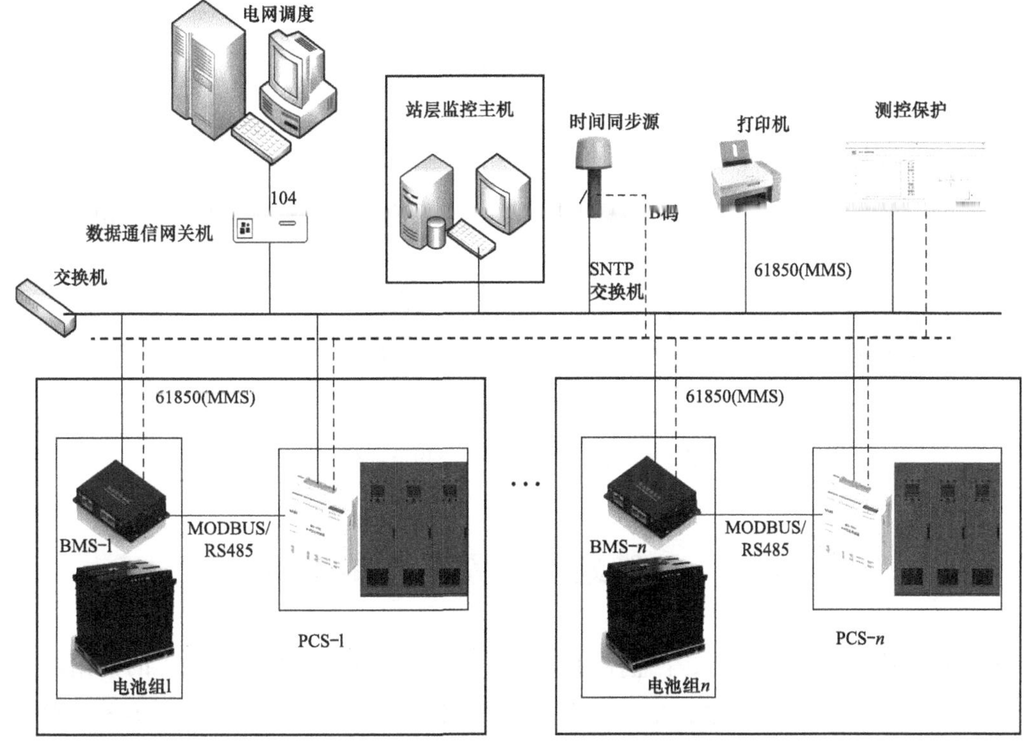

图 4-2 集中式监控系统架构示意图

4.2.2 分布式架构

分布式监控系统系统构架分为电站监控主机和本地监控两个层级，如图 4-3 所示。本地监控采集所监视区域（单个仓，或者几个单元）内就地设备（包括 PCS、BMS 等）的详细信息，并进行就地存储；就地层设备和电站监控主机之间的保护控制关键信息，通过 61850 数据主网络直接交互。变电站监控主机通过 SOA 服务总线与本地监控相连，用户可以在监控主站按需调阅本地监控的画面和数据库，实现对详细数据的查阅、监控。分布式监控系统可解决大型储能站全数据监视和关键数据快速管控的矛盾。在实现全数据监视、存储的同时，减轻了监控主机及关键数据网络的负担，提升了储能监控的运行效率和可靠性。若未来储能站规模较大，可考虑采用分布式架构。

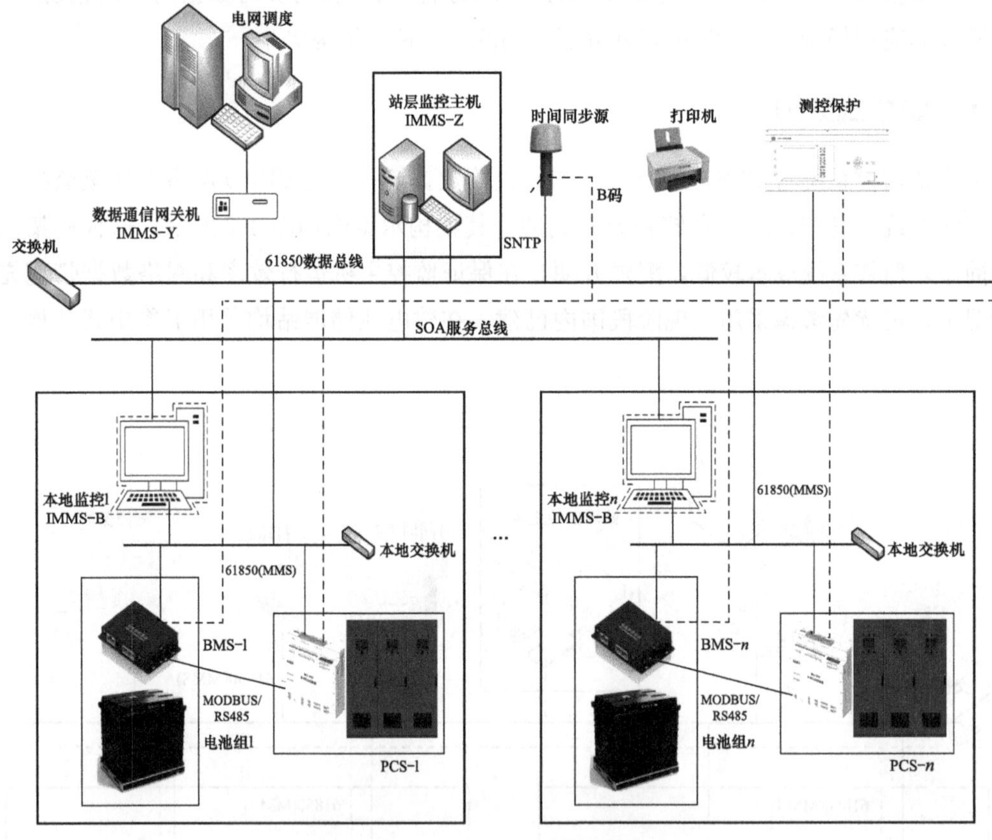

图 4-3 分布式监控系统架构示意图

4.3 储能站三层安全控制架构

在储能站中，电池是重点安全监控对象。关乎电站安全、可能产生隐患的数据，主要来自 BMS 采集的电池故障信息。电池故障信息是指包含了温度、电流、电压等关键参数的单体、簇、堆层面的非正常数据。电池故障信息按照故障的程度，一般分为一级、二级和三级故障。针对不同等级的故障，EMS、PCS 和 BMS 进行协调配合处理，采取不同的控制动作措施，以避免故障的扩大和实现故障的切除。

正常情况下，监控 EMS 通过监测 PCS 和电池的状态数据，根据故障程度，给 PCS 下发降额或停机指令，PCS 响应指令消除隐患，即通过第一层 EMS 层保护即可实现。如果在某些非正常状态下，第一层保护失效，那么 PCS 通过自身和 BMS 的通信，同样可实现自主的降额或停机，即第二层 PCS 层保护。更严苛的情况，第一、二层保护都失效的情况下，故障一般都演化到二、三级，这个时候 BMS 还可以通过切开电池堆的直流侧开关，消除隐患。这就是监控 EMS-PCS-BMS 的三层保护架构，如图 4-4 所示。此外，在三者两两通信中断的情况下，均需实现故障电池堆堆及相关 PCS 的自动停运，以避免不可监控设备及无序动作行为出现。三层保护架构有效实现了监控系统集中控制和三大监控系统协调机制的统一，最大程度从控制角度消除隐患，保证储能站安全运行。

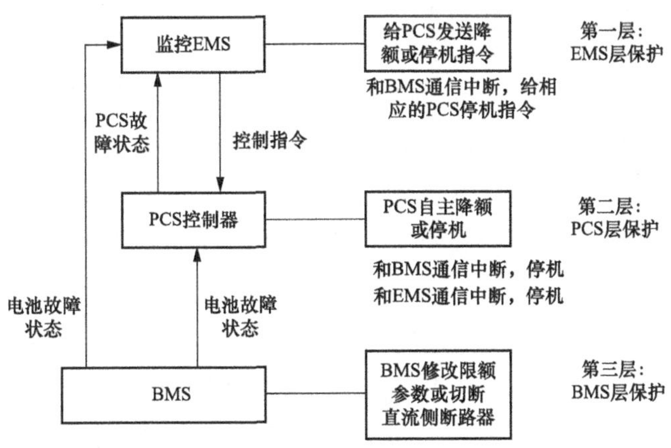

图 4-4　监控 EMS-PCS-BMS 三层保护架构

4.4　基本 SCADA 功能

4.4.1　数据采集

SCADA 系统实时采集全站 BMS、PCS、测控装置及子系统遥测、遥信、电度、保护信号及综合自动化等信息，并向各子系统发送各种数据信息及控制命令。

（1）模拟量。模拟量主要包括：电池的 SOC、SOH、有功功率、无功功率、电流、电压及其他测量值。为提高监控效率，可设定每个模拟量的死区值范围，仅把超过死区值具备变化的值发送给控制系统，每个模拟量的死区值范围可在工作站通过人机界面设定。

（2）状态量。状态量包括：电池工作状态、PCS 工作状态、断路器位置、事故跳闸总信号、预告信号、刀闸位置、主保护自动装置动作信号、事件顺序记录、二次设备的运行工况。

（3）保护及综合自动化信息。系统对 RTU 除完成远动四遥功能之外，对已安装储能站

PCS 装置、微机保护及综合自动化系统的厂站亦可完成相应的保护数据采集及控制功能。这些功能包括：接受并处理 PCS 状态量；接收并处理保护开关状态量；接收并处理保护测量值；接收保护定值信息；远方传送、设定、修改保护定值；接收保护故障动作信息；接收保护装置自检信息；保护信号复归。

（4）天文时钟及时间处理。SCADA 系统在计算机监控系统接入标准天文时钟，向全网播统一对时，并定时与各 RTU 远方对时，为系统提供唯一时标。

4.4.2 数据处理

系统实时采集系统中的遥测、遥信、电度等数据，同时发送各种数据信息及控制命令。

1. 模拟量数据处理

模拟量主要包括电池的 SOC、电池的 SOH、电池温度、线路的有功、无功功率、功率因数，线路的电流，母线电压等。处理工作主要包括以下几方面：

（1）将采集的原始数据根据工程系数转换为工程量。

（2）进行零漂处理，设定每个值的归零范围，将近似为零的值置为零。

（3）对数据合理性进行检查，设置最大有效值和最小有效值，如果测量值大于最大有效值或小于最小有效值，模拟量状态置为无效状态，一旦数据恢复正常，模拟量状态置为有效状态。每一模拟量设置一个合理的上、下限，如果测量值大于合理上限或小于合理下限，不进行统计计算。

（4）设定梯度限值，当收到的测量值与上一次值相比超过梯度限值，该测量值被舍弃。

（5）设定上上限、上限、下限、下下限，对越限的测量点进行报警，报警的方式（如闪烁、推画面、自动清闪、音响报警、响铃、打印等）可人工设定。

（6）为避免遥测瞬态干扰冲击产生误报警，遥测值的报警应在越限持续一段时间后才产生，用户可自定义此时间的长度。

（7）每一个模拟量设置一回差值，避免频繁越限报警。

（8）越限报警由 SCADA 服务主机计算产生，并实现全网同步。越限报警存储时，存储其越限起始时间、恢复时间及越限过程中的最大或最小值，及出现该值的时间。

（9）当某一设备设定为检修时，与该设备相关联的测量值不进行越限报警，同时不进行各项统计计算，可以人工设定测量值，人工设定后不接受实时数据的刷新，直到人工解除。

（10）对前置通信机系统，设置刷新死区，每 1s 将变化范围大于刷新死区的模拟量值送往当地监控计算机系统，每 30s 将所有模拟量上送。

（11）当开关量状态和模拟量测量值相矛盾时，如线路开关断开，导致线路的电流、功率等大于归零范围时，需要进行报警处理。当开关量位置在分位时，将小于归零范围模拟量清零。

（12）当线路开关检修，旁路开关代线路开关时，通过网络拓扑，自动将旁路的功率、电流、电度等值代替线路的值，并登录旁路代线路的线路号、开始时间、结束时间和累计时间。

(13) 在生成模拟量类型时，一般分成电压、电流、有功、无功、功率因素、温度等，为了自动实现旁路代线路功能，在设置线路、旁路测量值类型时，电流类型要具体到相电流（I_a，I_b，I_c），电度要具体到正向有功电度、正向无功电度、反向有功电度、反向无功电度，在进行电度替代时，注意以变化量加入 8 线路电度的测量值上。

(14) 为各测量值标出状态，一般包括无效、正常、越限、人工置数。模拟量的各种状态在画面上用不同的颜色表示。颜色可按缺省定义，也可由用户定义。测量值越限时，与之相关联的设备也以报警闪烁的方式进行显示。

(15) 可通过公式可生成各种计算测量值。

(16) 遥信、遥测等数据所关联的逻辑节点通信状态不通时，遥信、遥测等数据置异常标志，并用特殊的颜色显示提示用户，颜色可以设定。

2. 状态量数据处理

状态量主要包括事故总信号、断路器位置、刀闸位置、预告信号、保护动作信号、各种设备的本体信息、工况等。状态量采用事件驱动方式，一有事件就进行处理。处理工作如下。

(1) 根据事故总信号及开关动作信息进行区分开关事故跳闸或人工拉闸。开关变位后，系统立即更新数据库，推出报警信息。如开关跳闸信息发生时，在一定的时间（开关变位前或开关变位后，该时间可人工设定）内有事故总信号，则进行事故报警，并进行相应的处理。

(2) 开关事故跳闸到指定次数或开关拉闸到指定次数，推出报警信息，提示用户检修。

(3) 当某一设备设置为挂牌操作时，与该设备相关联的状态量报警和操作将被闭锁。

(4) 对每一状态量单独设置闭锁标志或人工设值，实时状态量将被丢弃，不做处理。

(5) 当对某一厂站设置闭锁标志时，该厂站的所有数据均被丢弃，不进行处理。

(6) 对双位置接点进行一致性检查，双位置不一致时，置位置状态无效，并进行报警。

(7) 常开接点和常闭接点的状态转换。

(8) 开关量的不同状态（无效、正常、变位、事故、人工置数、检修）用不同的颜色或符号表示。需要语音报警时，以不同的语音表示。开关量的报警方式可以自由设定。

(9) 每一遥信接点可设置是否需要光字牌显示。

(10) 状态量可通过一公式设置其推事故处理指导的条件，在条件满足时，将在界面上推出专家处理事故的指导。

(11) 可通过公式设置每一遥信的操作闭锁条件。

(12) 遥信报警存储时，要存储其动作时间、值、状态、恢复时间及人工确认的时间。

(13) 状态量和模拟量均可设置报警等级，报警等级高的报警可以覆盖报警等级低的报警，同级的报警不互相覆盖，用户确认一个以后，再报下一个，用户也可以对所有报警信息同时确认。

(14) 事故发生时，自动推出事故画面。

(15) 当开关事故跳闸时，自动进行事故数据存储以供事后分析。追忆时间（事故前追忆时间和事故后追忆时间）可以人工设置。可设置事故发生时对全系统所有数据进行追忆还是对发生事故的厂站的所有数据进行追忆。追忆数据存储采用变化存储的方式，不变化的数据不进行存储，以节省存储空间。在事故数据反演时，在画面上像放录像一样，动态重新显示事故发生时的情况，放映的速度可以人工设置。

(16) 有些状态量由当地系统自动产生（如工况），这些量由 SCADA 服务主机产生，并实现全网同步。

(17) 系统中同一类型的数据报警方式基本一致，为减轻界面输入的工作量，设置一报警名表，报警名表中设置各种事件发生时报警的方式，各测点只要设置一指向报警名表中各种报警的指针。

3. 电度量数据处理

电度量的累计有三种方式：由对应的有功功率和无功功率进行积分累计；对脉冲信号进行累计计算；接收智能电度表的电量或装置的计算电量。处理工作主要包括：

(1) 按峰、谷、平、腰时段进行电量的分时累计，时段由用户自由设定。

(2) 可对智能电度表自动设定峰、谷、平、腰时段。

(3) 运行人员可人工设置表的读数。

(4) 当旁路代线路时，自动将旁路的有功电度、无功电度值代到线路上。

(5) 可人工设置电度统计值。

(6) 能设置自动存档的周期。

(7) 分高、低周进行电度统计。

4. 控制和调节功能

控制命令可以由运行操作人员发出，也可以由有功自动调节功能、电压无功调节功能自动发出，或由远方调度发出。处理工作主要包括：

(1) 可进行开关刀闸分合、电容器电抗器投/退操作。

(2) 控制方式的设定包括：LOCK OUT（锁定退出）、Local SBS（现地手动）、Local Auto（现地自动）、Remote（远方）。

(3) 运行模式切换包括启动、停机、并网/孤网的转换、充电/放电的转换等。

(4) 运行定值设定包括充电/放电功率、时间、各种保护定值等。

(5) 充放电功率调节包括根据定值运行、按给定曲线运行，跟踪实时曲线运行等方式。

(6) 当进行控制操作时，必须输入有控制权限的口令，系统设置操作员和监护员两级口令。口令输入方式有两种：一种是每次操作均要输入口令，另一种是输入一次口令后能保持一定的时间（时间的长短可用户自己设定）。用户可设置输入口令方式。操作人员和监护人员可在同一台机器上，也可以在不同的机器上。在发控制命令时，可设置是否要求用户输入所要控制的开关号。

(7) 操作过程要经相关操作闭锁条件检测，确定是否可以进行操作。控制操作执行后，系统将操作内容、操作时间、操作结果、操作人员、监护人员登录在操作记录中，并区分当地操作、远方操作和电压无功调节自动操作。一个系统同时只能有一个操作被执行。

(8) 当有五防机节点时，所有的遥控命令可选择是否经五防机校验，如选择是，则根据五防机的返较结果，决定遥控是否能继续执行。

(9) 遥控命令可选择自动执行还是需要应用返校。

(10) 所有的控制命令都要经过选择、选择返较、执行等一系列的过程，最后由发令机根据状态量确定操作是否成功。

5. 事件处理

将系统运行的各种信息按时间先后顺序，被明确分类登录到相应的事件一览表中。事件一览表包括状态变化登录表、遥测越限登录表、操作登录表、事件顺序（Sequence of Event，SOE）登录表。处理工作如下。

(1) 状态量事件主要包括变位事件、故障事件、保护事件、用户自定义事件、系统自诊断事件。状态报警发生后，将对象、类型、状态、发生时间、恢复时间、确认时间等信息登录到状态量一览表中，同时进行其他报警。

(2) 当遥测越限发生时，将发生越限的对象、发生时间、恢复时间、越限过程中的最大值或最小值及该值出现的时间登录到遥测越限一览表中，同时进行报警。

(3) 操作登录表中包括当地遥控遥调操作、调度遥控遥调操作、电压无功自动调节操作、权限设置、人工置数、挂牌操作、旁路替代操作、数据或图形修改、保护定值修改、主备机切换等。操作执行后，将操作时间、操作人、监护人、操作类型、设备记录、节点信息等登录到操作登录一览表中。其中权限设置可进一步显示每次操作所修改的权限，保护定值修改可查阅修改前后的定值，电压无功自动调节操作可显示自动操作前系统的电压无功情况、操作时的系统定值及不能操作时的闭锁原因。

(4) SOE 登录表包括普通遥信 SOE 和保护动作 SOE。

(5) 各种登录表可按对象、类型、操作人员、时间进行查询显示。

(6) 当事件发生时，在简报窗口中显示故障信息，并登录到事件一览表中，对需要音响、语音、闪光、自动推画面、光字牌显示报警的信息分别进行相应处理。事故、事件发生后，自动进行事故、事件数据追忆。

(7) 音响报警分为四个级别：不报警、普通报警、预告报警、事故报警。普通报警用于非法操作报警，预告报警用于故障报警。

(8) 对于音响（事故音响、预告音响）、闪光、光字牌显示等报警可定时清闪，也可以人工复归，定时复归的时间长度可人工设置。可选择采用定时复归或人工复归。

(9) 具有报警测试功能。可测试音响系统、语音系统是否正常。

(10) 具有语音静音功能。

(11) 对于事故报警、预告报警、越限报警等信息，报警窗口中通过不同的颜色显示来区别报警信息是否确认和是否恢复。可以对全部报警信息进行确认，也可以选择部分信息进行确认。

(12) 各事件发生后，自动将报警信息通过打印机打印输出。

(13) 语音告警采用组合方式实现，如设备录入一语音，某测点录入一语音，报警时自动把设备的语音和测点的语音合成一条报警语音。或者通过商用软件直接输出汉字，由商用软件产生语音。

(14) 可按对象、类型、操作人员、时间打印报警信息，也可由操作人员选择部分信息进行打印。

(15) 报警信息、光字牌按设备为对象进行显示和索引。在每一遥信信息上设置是否需要光字牌显示后，自动按电压等级、设备为对象生成光字牌显示画面，光字牌显示时动作信息、已返回的报警信息、已确认的信息用不同的颜色显示。

(16) 对每一状态信息，设置一公式条件，当满足条件时，自动给出综合报警信息。

(17) 系统中所有操作、动作事件、修改均要登录到事件一览表，便于事后分析查阅。

6. 计算功能

系统中除大量的实际测点外，还有大量的计算测点，计算子系统是在线方式下需要完成的所有计算任务的综合，系统按照变化及规定的周期、时段不停地处理计算点。处理工作如下。

(1) 对模拟量、状态量均可以进行计算。

(2) 对所有系统中的虚点的计算与实点计算一致。

(3) 计算中主要包括：总加计算，限值计算、平衡率计算、累加计算、功率因素计算、档位计算、电度计算、各种操作或事件触发条件计算等类型。

(4) 统计模拟量或综合量的整点值和状态，计算日平均值、最大值和最小值。

(5) 统计模拟量的日、旬、月、季、年平均值、最大值、最小值、发生时间及相关状态。对有些量（如电压等，可由用户设置）要在一定范围内计算最大值和最小值，范围可人工设置。

(6) 统计模拟量的本日、本周、本旬、本月、本季、本年越限次数、越上上限累计时间、越上限累计时间、越下限累计时间、越下下限累计时间、总越限累计时间。

(7) 统计母线电压的日、周、旬、月、季、年合格时间、不合格时间、合格率。

(8) 统计日、周、旬、月、季、年的峰、谷、平、腰电量，记录整点电量的读表数。

(9) 统计日、周、旬、月、季、年的日最大电量、最小电量及发生时间、平均电量。

(10) 统计日、周、旬、月、季、年的开关事故跳闸次数，人工拉闸次数、电容器和电抗器投入次数。

(11) 统计本月设备投/停次数，投/停时间。

(12) 根据各量的计划值统计各量的超欠情况。

(13) 计算厂站的电量的平衡率，各电压等级的平衡率。

(14) 为实现计算功能，设计一套方便、功能强大的公式系统，公式系统的引用量可以是常量、实时量、历史量、时间量，支持数值计算符和逻辑计算符，支持函数，可用鼠标输入，也可手动输入，进行错误检查。对历史量可统计某测点在某段时间内按步长统计的最大、最小、平均、总和，某测点在某段时间内出现的最大、最小值的时间。公式只在定义时分析编译，计算时直接使用。

（15）对那些常用的统计、计算提供直接的公式函数调用。

（16）提供事件登录结果、统计存档结果和模拟量历史存档结果的备份手段。

7. 天文时钟（BD/GPS）时间处理

在计算机监控系统接入标准天文时钟，同时向全网广播统一对时，并定时给各间隔层装置对时，为系统提供唯一标准的时钟源。如计算机监控系统系统没安装 GPS，而间隔层安装 BD/GPS 则可接收间隔层的对时报文进行系统对时。

4.4.3 报警系统

当系统范围内发生需引起操作员注意的情况时，系统产生一系列报警信息。

1. 报警方式

（1）图形报警。①告警点闪动，变色。②推出厂站图表。

（2）文字报警。文字列表出告警点信息、类型。

（3）语音报警。①机器发出鸣叫声。②产生语音呼叫操作员。

（4）打印报警。打印机及时打印出告警点信息、类型。

2. 报警类型

（1）越限告警。对需要报警的值设定上、下限值，当越限状态发生变化时，发生越限报警，通过窗口显示文字及数据变色，并根据需要打印记录。

（2）变位报警。当系统发生正常变位时，变位点在窗口中发生数据变色及闪烁，打印变位点状态及变化时间，推出文字信息，同时根据需要发生语音告警。

（3）事故报警。事故处理是厂站发生事故的跳闸信息。在发生事故后，系统发生如下强烈告警。

1）推出厂站工况图。

2）工况变位发出强烈闪烁及变色。

3）发生语音告警，召唤操作人员。

4）推出文字信息，仔细说明事故原因。

5）立即打印事故变位信息。

6）启动事故追忆并打印。

7）发出语音告警。

（4）工况告警。当各厂站 RTU 通信中断或主站设备发生事故时，系统亦发出明显的告警信息，以提示维护人员及时进行处理。

（5）系统本身告警。当服务器故障或退出时各工作站均提示告警。当某台工作站故障或退出时各工作站均提示告警。

（6）各种告警信息分类、归档、排序及处理。各工作站可在线选择各种告警类型是否需要登录、打印和音响报警，可选择事故是否推画面。系统保留至当前为止以往最新的告信息记录 100 条。对于操作变位和事故变位，必须被调度员确认方被更新，否则永远保留事故状态和变位状态。

4.4.4 控制操作

开关量输出（控制）包括如下内容。

（1）选点：选择动作开关点。

（2）发令：发出遥控命令。

（3）内部校验：由主站首先根据数据库内动作开关遥信序号位及开关状态，确认该开关是否允许操作及操作状态是否正常。

（4）装置校验：将命令传送至装置，由装置再校验。

（5）校验返回：将校验结果返送人机界面。

（6）确认执行：操作人员根据校验结果，发执行或撤销命令。

（7）执行结果返回：由 RTU 执行遥控命令，引起开关变位显示执行结果，并打印记录。

（8）操作登录：将调度人员进行的遥控操作内容、时间、结果及人员姓名登录下来备查，保存一年的档案。

4.4.5 事故追忆

事故追忆功能是电力系统发生事故时，自动将故障前 $M_{\min}$，故障后 $N_{\min}$ 内的有关数据供事后分析用（M、N 可设定）。事故追忆的文件内容自动存入历史数据库。事故追忆由重要开关事故跳闸时自动启动。

4.5 能量管理

能量管理主要分为有功控制和无功控制。储能站通过切换逻辑及功能集成，对调度指令和本地指令进行统一控制，实现远方/就地模式无缝切换。

4.5.1 计划功率曲线

计划功率曲线功能支持在监控系统中配置灵活的本地运行计划，利用监控系统遥调功能，将提前设置的运行计划下发到受控系统中，实现运行计划的灵活自定义。另外，计划功率曲线功能可以接收、解析不同调度主站下发的不同格式的远方计划功率曲线。通过控制远方/就地状态，实现对不同计划功率曲线的切换。

4.5.2 功率控制

储能监控功率控制系统（简称功率控制系统）包括有功功率协调控制模块和电压/无功协调控制模块，系统自动接收调度指令或本地存储的计划功率曲线，采用安全、经济、优化的控制策略，通过对储能变流器（PCS）的调节，有效控制电池组有功、无功输出，形成对有功功率、电压/无功的完备控制体系。

1. 有功协调控制功能

大规模储能系统能够快速响应有功控制目标，采用优化的控制策略和分配算法，实时控制各 PCS 设备，从而快速、精确调整并网点有功功率。分配算法支持按容量比例分配方式和 SOC 均衡分配方式。

（1）按容量比例分配方式：根据 PCS 额定有功容量作为分配系数进行有功目标值比例分配，当所有 PCS 的可发额定有功容量均相同时，即按平均分配方式分配。分配的总有功目标值为调度下发的有功目标指令或计划曲线目标值。

（2）SOC 均衡分配方式：获取各电池组的 SOC 状态，对于每次充、放电功率，根据各电池组的 SOC 按比例分配给各电池组。充电时，SOC 小的电池组优先充电，充电功率大；放电时，SOC 大的电池组优先放电，放电功率大。

2. 电压/无功协调控制功能

大规模储能系统能够快速响应电压/无功目标指令，采用优化的控制策略和分配算法，实时调整各 PCS 设备无功，从而快速调整并网点无功功率，精确跟踪母线电压目标指令。分配算法采用按等无功备用分配方式。控制流程如下。

（1）根据目标指令方式不同，手动切换电压模式/无功模式。

（2）正常接收主站下发的电压/无功目标指令，当与主站通信中断时，能够按照就地闭环的方式，获取本地计划曲线目标值。

（3）根据电压—无功灵敏度系数将电压目标转换为无功目标，进一步计算全站无功增量需求。

（4）按照优化分配算法自动计算储能站内各 PCS 对象分配目标值，并下达至各 PCS 电池组分别执行，实现高压侧母线电压跟随控制目标效果。

（5）当储能站的无功调节能力不足时，发送告警信息。

3. 紧急控制放电功能

当电网频率过低或有功严重不足时，储能功率控制系统响应调度紧急控制放电需求，进入紧急控制放电模式，调整 PCS 使全部电池组均处于放电状态，紧急支撑电网频率需求。储能功率控制系统根据 PCS 与电池组运行状态不同自动生成合理调节目标：如果电池组与 PCS 无法支撑满功率放电，则根据电池组或者 PCS 情况进行适量放电或待机；如果电池组与 PCS 可满足满功率放电，则控制 PCS 按照最大功率进行放电。

收到调度下发的退出紧急控制放电模式指令，或者紧急控制模式投入时间超出预设控制时间，功率控制系统自动快速退出紧急控制模式，并向 PCS 转发退出指令，结束紧急控制放电功能，进入 AGC 控制模式。

4. SOC 自动维护功能

功率控制系统实时监测储能系统 BMS 提供的各电池组 SOC 实测值。当存在电池组 SOC 值不在正常范围内时，系统控制该电池组进入 SOC 自动维护功能模式，利用缓充、缓放的控制策略对 PCS 下发有功功率调节指令，进行维护性充放电，将 SOC 调整至合理范围内。当电池组SOC调节至正常范围内时，控制该电池组继续参与功率跟踪分配。

5. 异常监测触发调节功能

功率控制系统实时监测PCS、BMS、电池组的通信状况、运行状况，当检测到存在异常情况时，自动触发协调控制系统完成新一轮分配调节，并强制限制异常设备出力为0或待机状态，避免由于储能设备异常导致电池组充放电损坏情况。异常情况如下。

（1）PCS与储能监控系统通信中断。

（2）BMS与储能监控系统通信中断。

（3）BMS与PCS通信中断。

（4）PCS设备异常。

（5）电池组SOC越限。

（6）电池组充放电闭锁。

6. 闭锁调节功能

控制系统提供完备的闭锁判别功能，包括站级闭锁判别和设备级闭锁判别。

（1）站级闭锁判别包括：AGC充放电闭锁、AVC增无功闭锁、AVC减无功闭锁。站级闭锁触发时，闭锁全站AGC或AVC调节功能。

（2）设备级闭锁包括：AGC控制闭锁、AGC充电闭锁、AGC放电闭锁、AVC增无功闭锁、AVC减无功闭锁。

当设备级闭锁触发时，闭锁该单一设备相应功能。站级闭锁保障功率控制系统安全稳定运行，避免系统在故障工况、暂态工况等非正常状态下运行。

设备级闭锁可精确判断单个PCS、BMS的正常运行状态和实时调节能力，精细化监测储能设备运行工况，保证功率控制系统的高效运行。

7. 远方模式/就地模式切换功能

功率控制系统支持远方模式和就地模式。远方模式指控制系统按照主站端发送的有功、电压、无功目标指令控制储能充、放电有功功率、无功功率；就地模式是指按照本地设定或主站提前下发的计划曲线值控制储能充、放电有功功率、无功功率。

远方模式和就地模式支持人工切换和自动切换功能。运行人员可通过手动切换远方/就地软压板，人工切换远方/就地模式。当控制系统长时间未能收到主站下发的目标指令时，系统可由远方模式自动切换到就地模式，执行本地计划曲线目标。

4.6 人机界面

人机界面采用多层结构设计，如图形浏览器与众多服务（实时库服务、历史库服务、图形文件服务和图形数据刷新服务）交互，这些服务各提供有服务客户端，人机界面是通过服务客户端与服务进行交互的，也就是C/S模式。同时人机界面也支持WEB浏览器，即B/S模式，两种浏览方式的显示效果与界面功能基本一致。人机界面的浏览与操作支持跨硬件和操作系统平台，且具备友好的tip提示功能，帮助用户快速查阅设备信息，操作简便、表达清晰。支持画面信息的可视化展示，如三维棒图、饼图等，支持潮流的动态箭头及跑动。

图形浏览器支持复合窗体技术，提供丰富的多应用主题窗口，多角度展现画面内容信息，各主题窗口能够灵活移动、重定义大小等，也能够灵活的组合显示，支持主题窗口的任意叠加、层叠和平铺。

4.6.1 系统监视界面

1. 系统拓扑监视

（1）储能监控系统拓扑。典型的储能监控系统拓扑实物图，如图 4-5 所示。

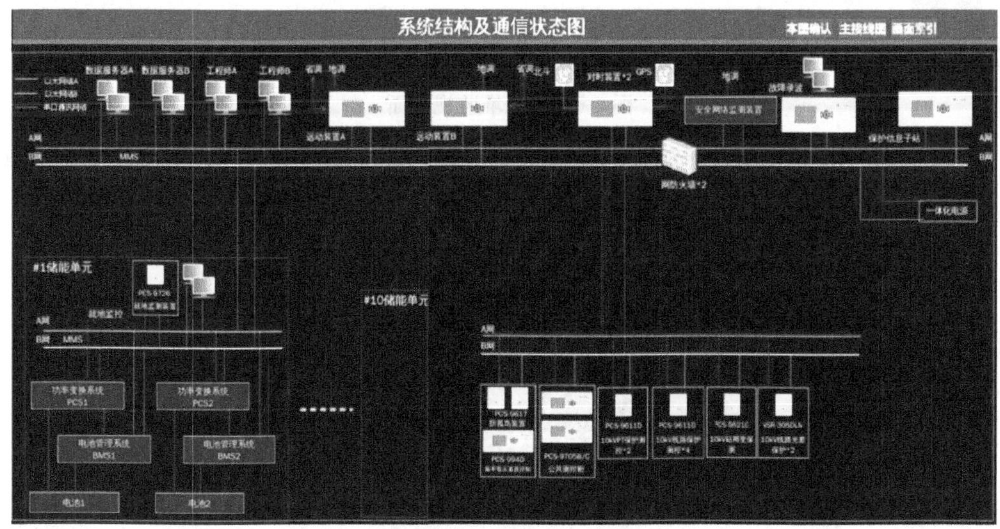

图 4-5 典型的储能监控系统拓扑实物图

以太网实时通信状态可以通过监控画面实时监控。储能监控系统主要设备及功能说明见表 4-1。

表 4-1 储能监控系统主要设备及功能说明

名 称	说 明
箱变保护测控	除提供箱变保护测控外，还提供通信功能，可以接入 BMS 数据，辅助控制设备（消防、空调、UPS 等）
监控服务器	提供人机接口

（2）电池监视功能。

1）电池堆监视。电池堆监视信息包括电池堆状态，电流、电压、功率、温度、SOH、SOC 等测量信息，电池堆异常、保护动作信息，BMS 系统运行状况信息，以及最高电压、最低电压电池单体所在组号、单体电池号，最高、最低温度电池单体所在组号、单体电池号。电池堆监视界面如图 4-6 所示。

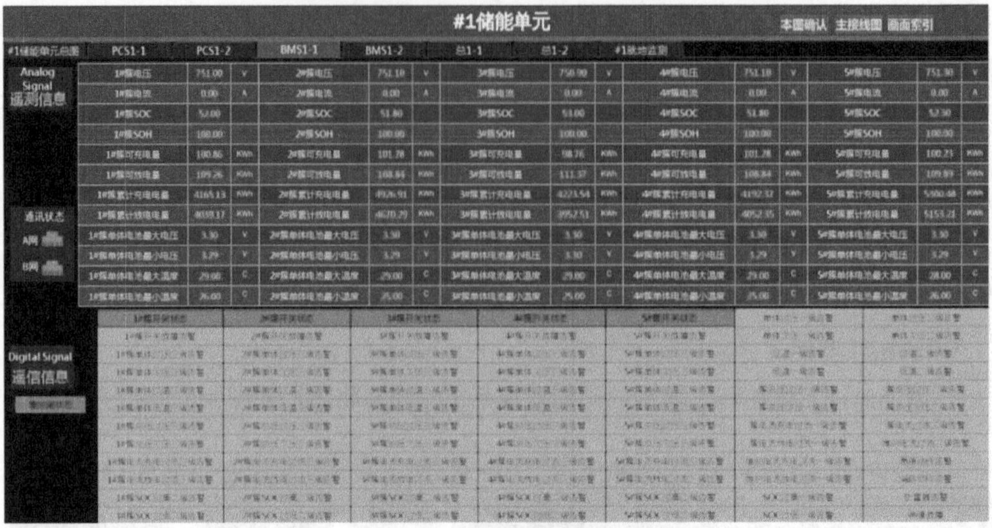

图 4-6　电池堆监视界面

2）电池组监视。电池组监视信息包括电池组状态，SOC、电压、电流、功率、温度等测量信息，电池组异常、保护动作信息，最低、最高电压电池单体号、电压值，最低、最高温度电池单体号、电压值等。电池组监视界面如图 4-7 所示。

图 4-7　电池组监视界面

3）电池单体监视。电池单体监视包括每个电池单体的温度、电压。单体温度监视，展示电池单体的温度。电池单体温度监视界面如图 4-8 所示。

单体电压监视，展示电池单体的电压。电池单体电压监视界面如图 4-9 所示。

2. 变电及配电系统监视功能

（1）储能变流器监视。储能变流器（PCS）监视范围包括 PCS 结构拓扑信息，表格方式展示的有功、无功、电压、电流等测量信息，以光敏点方式展示的运行状态、分合闸状态，支持远程遥控分合闸操作。储能变流器监视界面如图 4-10 所示。

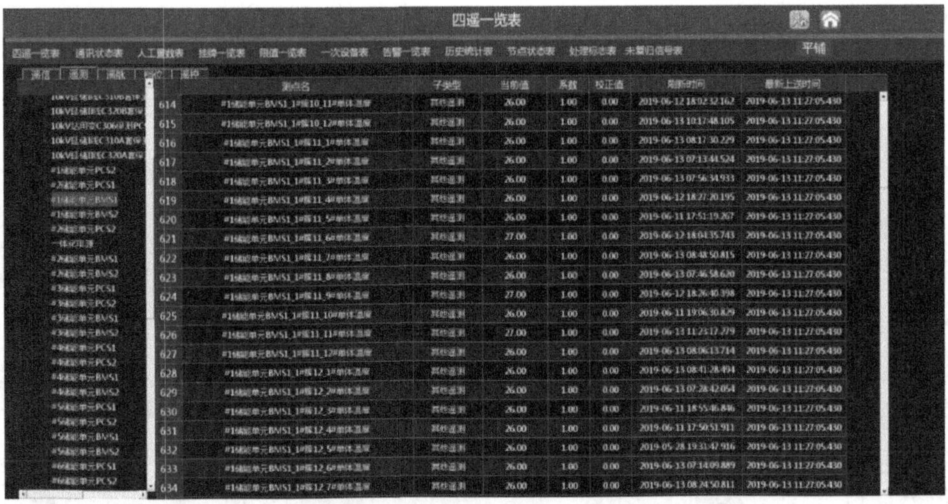

图 4-8　电池单体温度监视界面

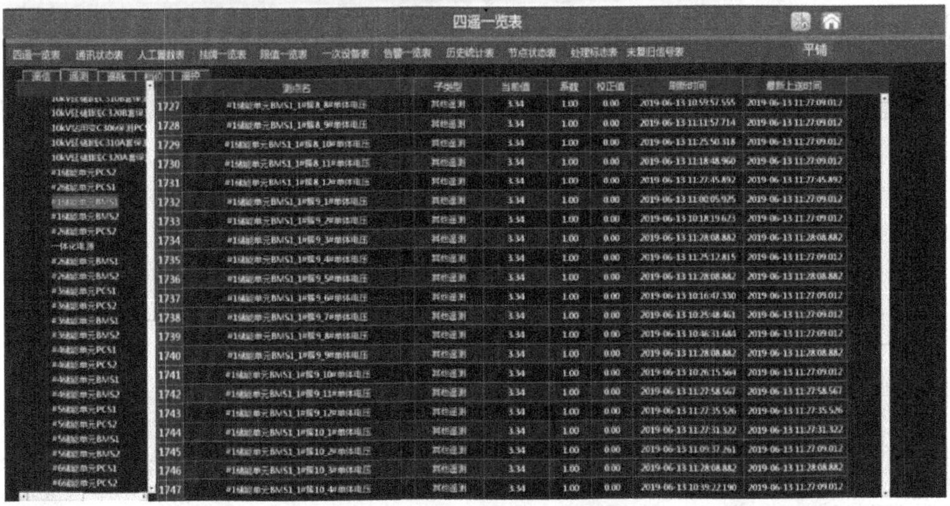

图 4-9　电池单体电压监视界面

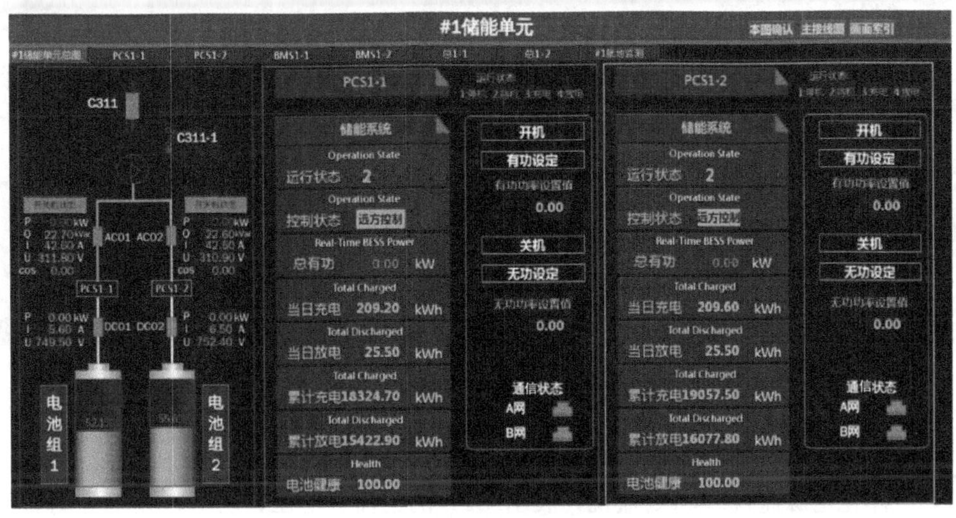

图 4-10　储能变流器监视界面

（2）单变流器监视。监视范围包括电流、电压等量测信息，故障信息、异常信息、保护动作信息，以及曲线方式展示的充放电数据等。单变流器监视界面如图 4-11 所示。

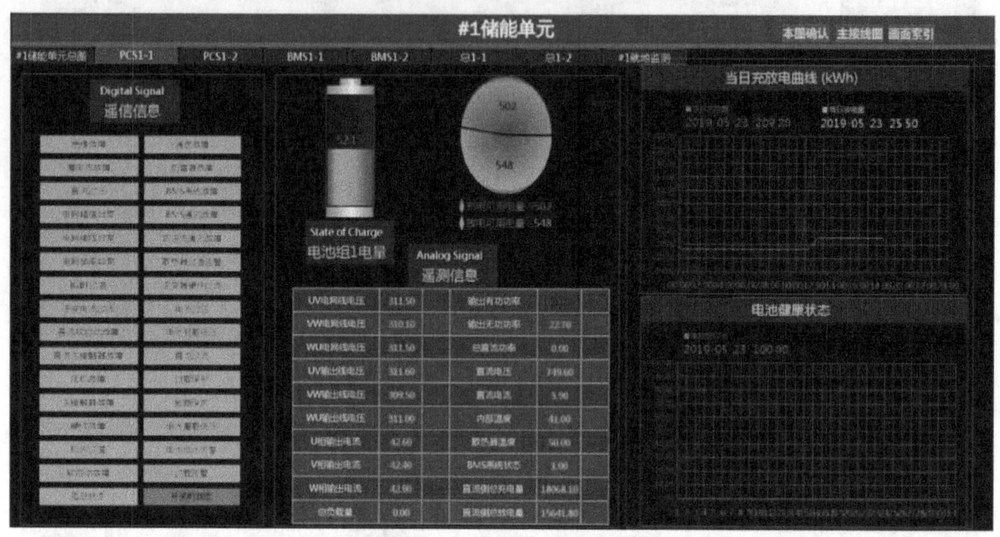

图 4-11　单变流器监视界面

3. 变电站系统监视功能

实时监视母线、变压器、开关状态；实时展示系统电气状况。系统主接线监视界面如图 4-12 所示。

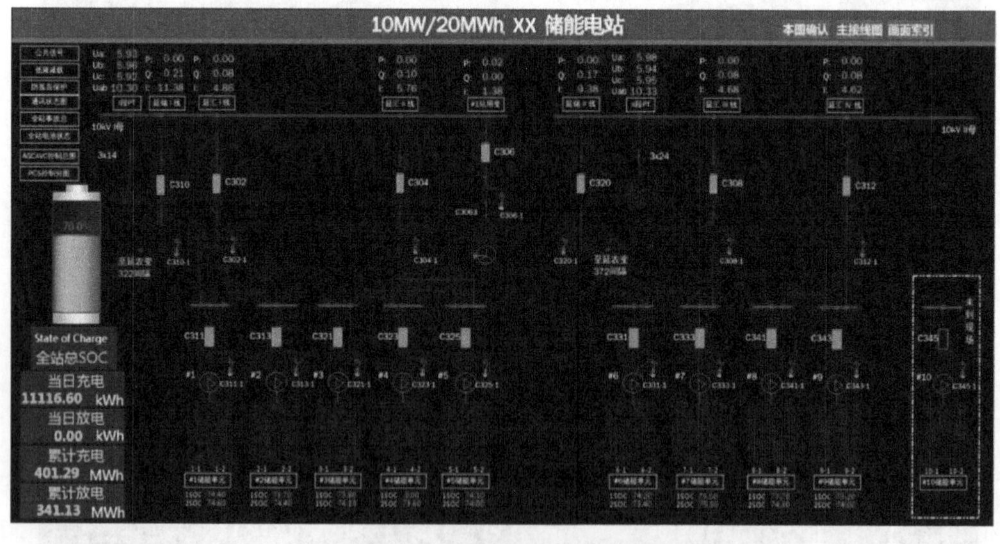

图 4-12　系统主接线监视界面

4. 辅助控制系统监视功能

（1）一体化电源监视。UPS 监视，展示 UPS 的电流、电压、功率、频率等测量信息，以及状态、异常、故障等信息，一体化电源监视界面如图 4-13 所示。

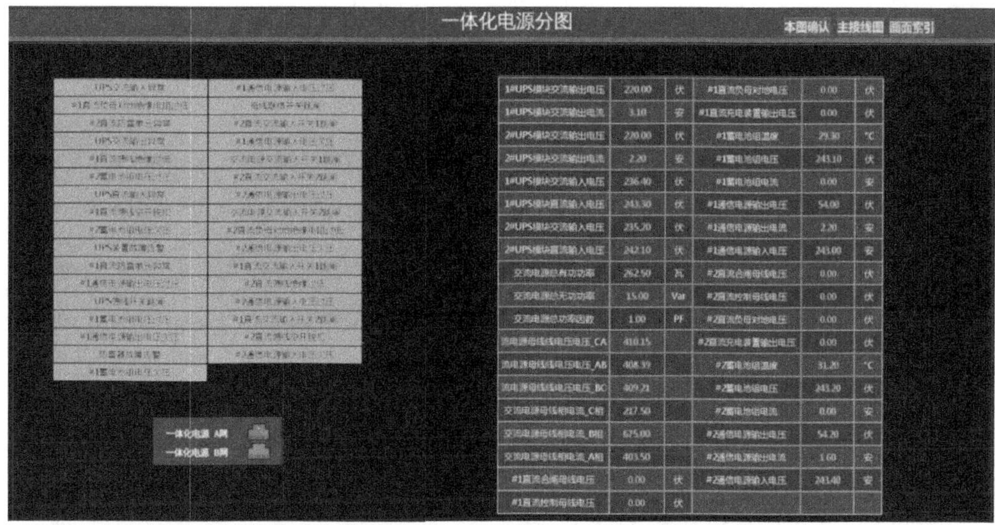

图 4-13 一体化电源监视界面

（2）全站事故总监视。展示了全站的异常事故总情况，便于分析，全站事故总监视界面如图 4-14 所示。

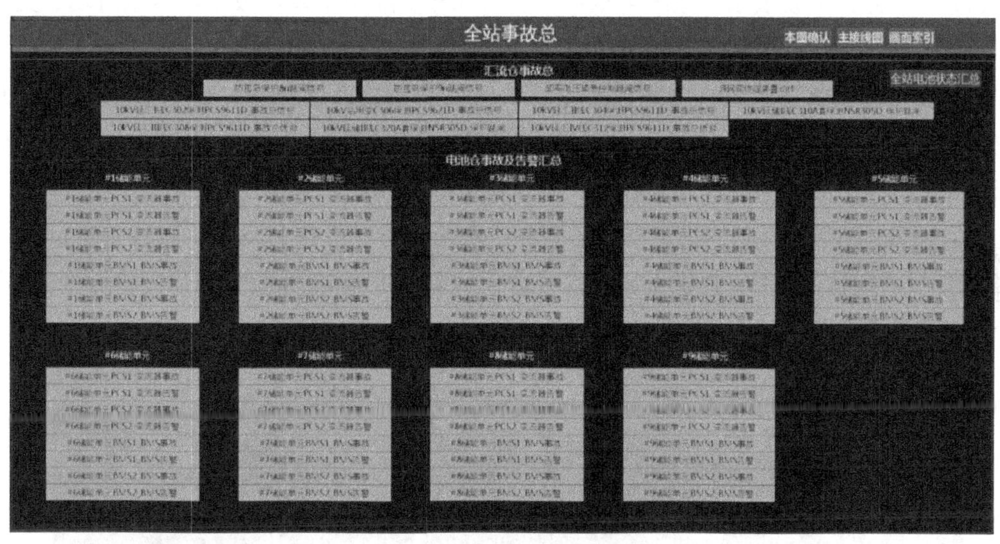

图 4-14 全站事故总监视界面

4.6.2 能量控制界面

储能监控系统能量控制主界面如图 4-15 所示，主要显示模块包括：控制目标模块、功能选择模块、整站监测模块、控制闭锁模块、功率跟踪模块、PCS 功率监测模块、SOC 监测模块。

（1）功能投入。投入“有功协调控制功能”软压板和“AGC 功能”软压板，功率控制系统投入 AGC 控制功能，投入“AVC 功能”软压板，功率控制系统投入 AVC 控制功能。

（2）远方/就地模式切换。切换“远方控制状态”软压板，完成远方/就地控制模式切换，系统根据模式不同，分别执行主站指令或本地计划曲线目标。

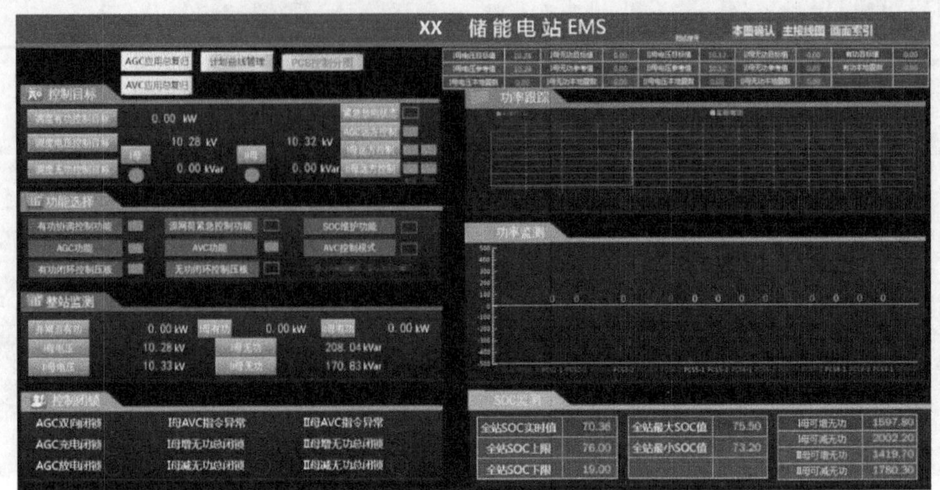

图 4-15　能量控制系统主界面

（3）有功目标、电压/无功目标监测。系统实时接收主站下发的有功、电压/无功目标指令或计划曲线对应目标值，根据远方/就地模式切换状态，自动显示当前执行的目标指令。

（4）功率跟踪曲线展示。系统可根据控制目标和实际功率采样数据，展示有功、无功、电压跟随曲线，便于控制效果直观分析。

（5）全站闭锁状态监测。功率控制系统实时判断储能系统 AGC 充电闭锁状态、AGC 放电闭锁状态、AVC 增无功闭锁状态、AVC 减无功闭锁状态，用于闭锁自动控制逻辑，并以光字牌闪烁和告警形式提示运行人员，及时处理站内异常工况。

（6）PCS、BMS 设备功能投退和状态监测。系统支持对单台 PCS、BMS 设备进行 AGC/AVC 功能投入和状态监测，提供更加灵活的运行方式，便于储能系统精细化操作运维。PCS/BMS-AGC 界面如图 4-16 所示。

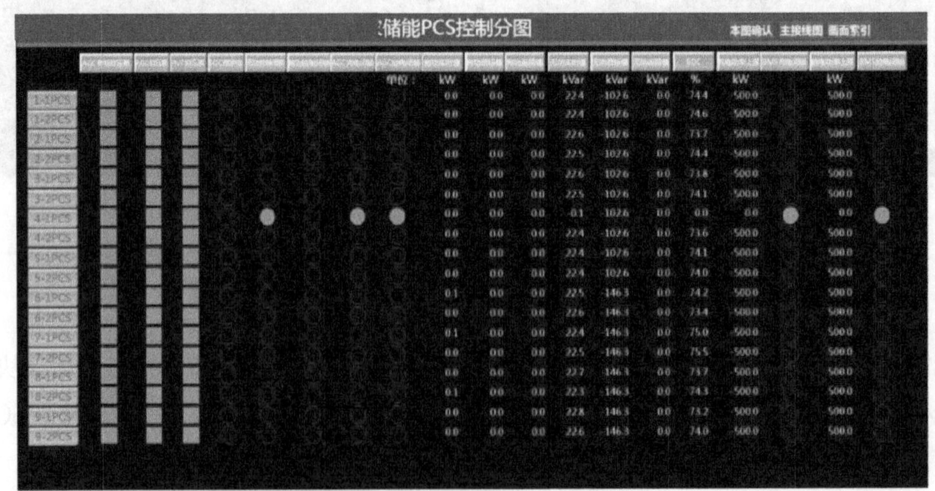

图 4-16　PCS/BMS-AGC 界面

（7）调节日志记录查询。控制系统自动记录调节分配日志，AGC 调节日志和 AVC 调节日志均以文件形式记录于固定路径文件夹，便于运行情况的追溯和事后的分析。

第5章 继电保护及安全自动装置运维与检测

除10kV系统线路和站用变压器常规继电保护设备外，电池储能站还配置了孤岛保护、频率电压保护、源网荷互动终端等特殊设备，本章将逐一剖析。本章的介绍基于特定厂家的设备展开，不同厂家的设备可能略有出入。

5.1 孤 岛 保 护

孤岛是指包含负荷和电源的部分电网，从主网脱离后继续孤立运行的状态。孤岛可分为计划性孤岛和非计划性孤岛。其中，计划性孤岛指按预先设置的控制策略，有计划地发生孤岛非计划性孤岛指非计划、不受控地（如故障跳闸等偶然因素）发生孤岛。非计划孤岛运行将可能损坏用电设备，导致电网重合闸失败，甚至会威胁电力线路上的工作人员的生命安全。为了防止非计划性孤岛给电网造成上述危害，技术规定要求在分布式电源侧配置防孤岛保护，以在监测到孤岛状态后快速断开与电网的连接。

从功能上讲，电池储能站具备孤岛运行功能，但电池储能站孤岛运行（即试验模式）须有且只有一台PCS处于VF模式（即电压频率控制模式）。正常运行时，电池储能站运行于PQ模式（即功率控制模式），不具备稳定孤岛运行条件。当接入母线电源进线跳闸后，电池储能站与母线所接负荷形成孤岛；若形成孤岛瞬间电池储能站输出功率与负荷消耗功率刚好相等，则可以在PQ模式下维持电池储能站与负荷的孤岛运行，只是这种状态不稳定，当负荷功率出现波动时，PQ模式下电池储能站输出将无法平衡，可能出现频率电压的大幅波动及电池储能站的停机。

从提高储能站运行可靠性的角度出发，大容量电池储能站所包含的PCS往往会尽可能平均地分配至变电站的几段10kV母线；每段10kV母线下配置一台孤岛保护，因此大容量电池储能站往往包含多台功能完全相同、彼此相互独立的孤岛保护装置。各孤岛保护装置采集对应母线三相电压和进线三相电流，主要保护方面包括两段低压解列、两段过压解列、两段高频解列、两段零序过压解列、两段低频解列、逆功率保护。孤岛保护装置动作直接跳对应进线开关，与EMS、PCS均没有信息交互；进线开关跳开后，PCS检测到交流侧失压后自行停机。

5.1.1 工作原理

（1）两段低压解列保护。NSR659RF-D设两段低压解列，可独立投退，各段电压及时间定值可独立整定，原理相同。低压解列元件动作必须要经曾经有压判断（三相线电压均大于 30V 且持续 1s，装置判断系统曾经有压），在低压解列元件动作返回后，也要经过曾经有压判断，方可再次动作。

低压解列配有可投退经 TV 断线闭锁功能。当 TV 断线闭锁功能投入时，若三相 TV 断线瞬时闭锁低压解列，并报 TV 断线告警；非三相 TV 断线，不闭锁低压解列，并延时 10s 报 TV 断线。

低压解列可选择经低电流或过电流闭锁。当低电流闭锁投入时，如果任一线电压小于定值且任一相电流大于定值，则低压解列动作；当过电流闭锁投入时，如果任一线电压小于定值且三相电流均小于定值，则低压解列动作。若低电流闭锁与过电流闭锁均投入，低压解列不经过电流闭锁，只要满足任一相线电压小于定值，即可动作；若低电流与过电流闭锁均退出，低压解列元件退出不动作。

（2）两段过压解列保护。NSR659RF-D 设两段母线过压解列，可独立投退，各段电压及时间定值可独立整定，原理相同。

（3）两段高频解列保护。NSR659RF-D 设两段高频解列，可独立投退，各段高频及时间定值可独立整定，原理相同。两段高频解列均配置有频率测量超限闭锁功能。

（4）两段零序过压解列保护。NSR659RF-D 设两段零序过压解列，各段可独立投退，各段零序电压及时间定值可独立整定，原理相同。

（5）两段低频解列保护。NSR659RF-D 设两段低频解列，可独立投退，各段低频及时间定值可独立整定。两段低频解列均配置有可投退滑差闭锁、低电压闭锁、可投退无流闭锁及频率测量超限闭锁功能。当系统发生故障引起频率急剧下降，或者系统和 TV 回路故障暂态过程造成电压波形畸变时，投入滑差闭锁可防止低频解列误动。低电压闭锁要防止 TV 断线和 TV 回路的其他异常情况，当 U_{ab} 小于低电压闭锁定值时闭锁低频解列功能。无流闭锁可防止母线失去电源后，由电动机反馈电压测得的频率异常，当三相电流均小于无流闭锁定值时，闭锁低频解列功能。由于装置频率测量取自母线电压，当输入线电压小于电压闭锁定值，或测量频率超出 45～55Hz 有效范围，装置视为频率测量回路异常，瞬时闭锁低频解列功能。

（6）母线 TV 断线告警。母线 TV 断线检查采用由母线电压、零序电压、进线电压组成的综合判据如下。

1）非全相 TV 断线判据。

对于中性点不接地系统，TV 断线判据为

$$\left|(\dot{U}_a+\dot{U}_b+\dot{U}_c)/\sqrt{3}-3\dot{U}_0\right|\geqslant 4V \tag{5-1}$$

对于中性点接地系统，PT 断线判据为

$$\left|(\dot{U}_a+\dot{U}_b+\dot{U}_c)\times\sqrt{3}-3\dot{U}_0\right|\geqslant 8V \tag{5-2}$$

系统中性点接地方式可在装置配置菜单中设置，缺省方式为中性点不接地。

2）三相 TV 断线判据。

当母线三相线电压均小于 20V，且进线电压 U_L 大于进线有压定值（一般整定为 70% U_n），装置判断发生三相 TV 断线。

若 TV 断线告警投入，装置延时 1s 发告警信号。若 TV 断线闭锁保护投入，装置瞬时闭锁Ⅰ、Ⅱ段低压解列。

（7）逆功率保护。NSR659RF-D 设两段逆功率保护。逆功率保护保护取外电网输入功率做判断，外电网输入功率反向，且数值大于功率定值，时间超过整定延时，逆功率保护动作，告警或者跳闸可通过控制字选择。TV 断线告警闭锁逆功率保护。出口默认为 CJ01。

（8）辅助告警。NSR659RF-D 装置具有频率超限固定投入的辅助告警功能，频率超出 45～55Hz 的范围，延时 10s 告警。

（9）测控功能。遥信量主要有：32 路遥信开入采集、装置遥信变位、SOE 记录。

（10）孤岛保护逻辑框图如图 5-1 所示。

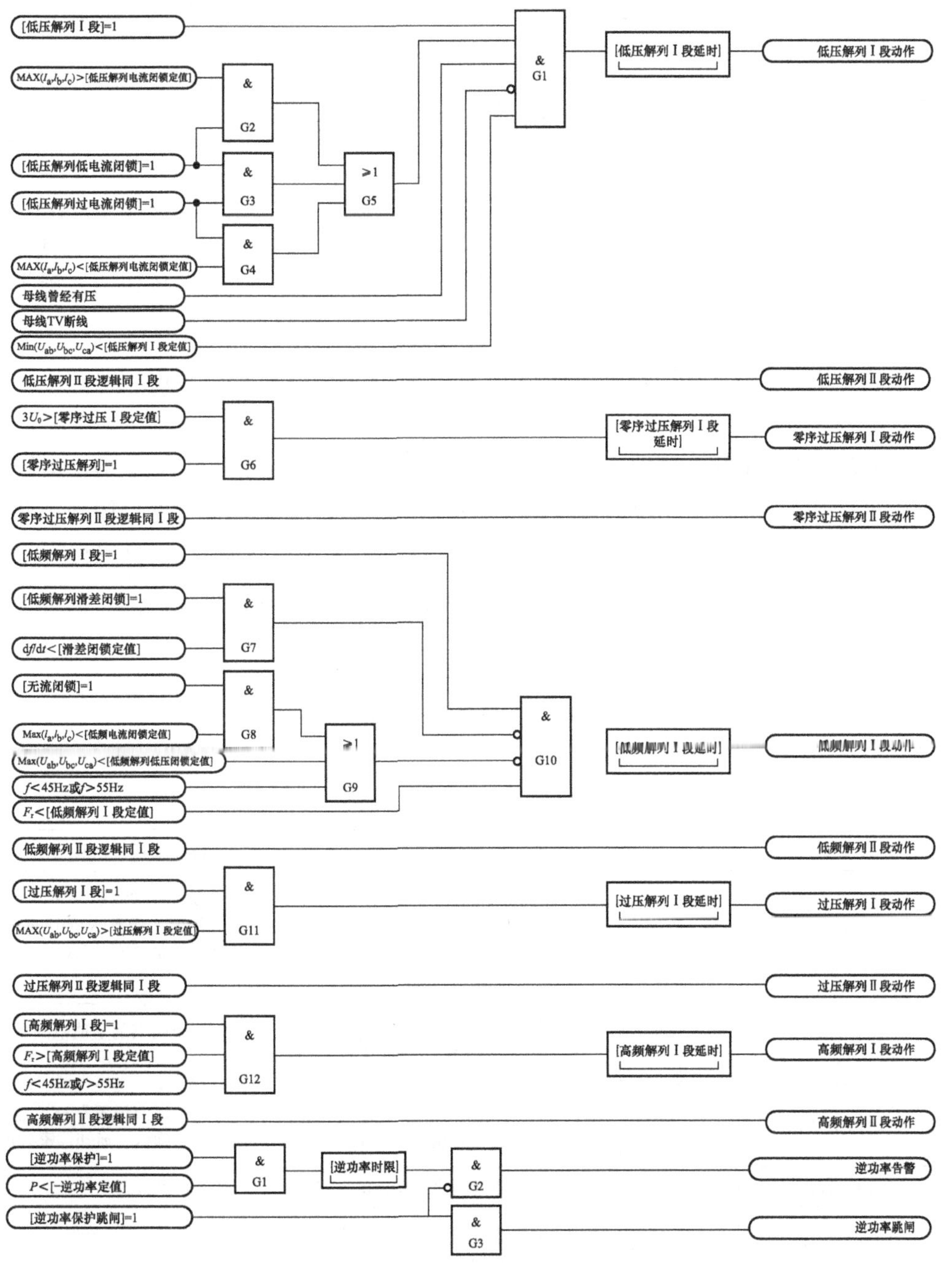

图 5-1　孤岛保护逻辑框图

5.1.2 运维说明

(1) LED信号指示灯。装置前面板指示灯说明见表5-1。

表5-1　　指示灯说明

指示灯	状态	说明
运行	绿色	装置正常运行
告警	黄色	装置报警
动作	红色	装置动作跳断路器
跳位	绿色	断路器处于跳位
合后	黄色	断路器合后

运行灯只有在上电后没有任何闭锁装置的重大故障条件下才会点亮。

动作灯和重合闸灯在装置动作后发相应命令后会被点亮，并且一旦点亮，只有人为复归或远方复归才会熄灭。操作人员可以通过按装置前面板上的“复归”按钮或者屏柜上得“信号复归”按钮来熄灭动作指示灯。

告警灯在装置故障、运行异常时会被点亮，异常消失后，经过一定的延时指示灯自动熄灭。

(2) 装置闭锁与报警。保护装置的硬件回路和软件工作条件始终在自检功能的监视下，一旦有任何异常情况发生，相应的报警信息将被显示。某些异常报警可能会闭锁一些保护功能，一些严重的硬件故障和异常报警可能会闭锁保护装置。此时“运行”灯将会熄灭，同时装置闭锁开出接点将会闭合，保护装置必须退出运行，检修以排除故障。装置详细自检信息告警表见表5-2。

表5-2　　自检报警信号列表

序号	自检报警元件	指示灯		是否闭锁装置	含义	处理意见
		运行	报警			
1	装置闭锁	○	×	是	装置闭锁总信号	查看详细自检信息
2	板卡配置错误	○	×	是	装置板卡配置和具体工程的设计图纸不匹配	通过“装置信息”→“板卡信息”菜单，检查板卡异常信息；检查板卡是否安装到位和工作正常
3	定值超原返	○	×	是	定值超出可整定的范围	根据说明书的定值范围重新整定定值
4	定值项变化	○	×	是	当前版本的定值项与装置保存的定值单不一致	通过“定值设置”→“定值确认”菜单确认；通知厂家处理
5	定值校验出错	×	●	否	管理程序校验定值出错	通知厂家处理
6	定值出错	○	×	是	保护程序校验定值出错或装置定值设置不合理	通知厂家处理

续表

序号	自检报警元件	指示灯		是否闭锁装置	含 义	处 理 意 见
		运行	报警			
7	FPGA 故障	○	×	是	FPGA 芯片内部故障	通知厂家处理
8	采样模块异常	○	×	是	AD 采样模块异常	通知厂家处理
9	装置报警	×	●	否	装置报警总信号	查看详细报警信息
10	通信传动报警	×	●	否	装置在通信传动试验状态	无需特别处理，传送试验结束报警
11	开出传动报警	×	●	否	装置在开出传动试验状态	无需特别处理，传送试验结束报警
12	对时异常	×	●	否	装置对时异常	检查时钟源和装置的对时模式是否一致、接线是否正确；检查网络对时参数整定是否正确
13	采样数据异常	×	●	否	采样数据直流偏置异常或双重化通道互校异常	检查交流插件是否安装到位
14	频率异常	×	●	否	系统频率低于 35Hz 或高于 65Hz	检查装置频率计算
15	B01GOOSE 报警	×	●	否	所有 B01 板 GOOSE 告警信号	请结合具体的 GOOSE 报警信号处理
16	B01GOOSE_A（B）网络风暴	×	●	否	B01 板连续收到两帧内容相同的 GOOSE 报文	请检查 GOOSE 交换网络或对端装置发送是否正常
17	B01GOOSE 配置文件出错	×	●	否	B01 板 STRAP 与 GOOSE 配置文件不匹配或出错	检查相关配置
18	“某链路”GOOSE 接收 A（B）网断链	×	●	否	“某链路”A（B）网长时间收不到 GOOSE 报文	请检查 GOOSE 交换网络与对端装置，查看“某链路”情况
19	“某链路”GOOSE 接收配置错误	×	●	否	“某链路”收发双方的配置版本、数据集数目、数据类型不匹配	请检查“某链路”收发双方配置

注 ●表示点亮；○表示不点亮；×表示无影响。

5.2 频率电压稳定控制装置

频率电压稳定控制装置用于当近区系统电压、频率或两者的变化率越限时，通过对储能站的切机、切负荷控制实现对电网稳定运行的紧急支撑。频率电压稳定控制装置理想的策略如下。

（1）当电力系统有功功率缺额引起频率下降时，装置可根据频率下降值自动切除部分负荷，使系统有功供求重新平衡；当系统有功功率缺额较大时，装置配有根据 df/dt 加速切负荷的功能，以期尽快制止频率下降，防止系统频率崩溃。

（2）当电力系统无功功率不足引起电压下降时，装置可根据电压下降值自动切除部分负荷，确保系统内无功平衡，使电网的电压恢复正常；当电力系统的电压下降较快时，装置配有根据 du/dt 加速切负荷的功能，以期尽快制止电压下降，防止系统电压崩溃，并使电压恢复到允许的运行范围内。

（3）当地区电网有功功率过剩出现频率上升时，装置可根据频率上升值自动切除部分机组；当有功功率过剩较大时，装置配有根据 df/dt 加速跳闸的功能，以期尽快制止频率上升，防止系统频率崩溃。

（4）当电力系统电压升高时，装置可根据电压上升值自动切除部分机组。

（5）装置配有短路故障检测、频率滑差（df/dt）闭锁、电压滑差（du/dt）闭锁、频率异常、频率超限、TV 断线告警、母线失压告警等完善的闭锁功能，可防止由于短路故障、负荷反馈、频率或电压的异常等情况引起的误动作。

储能站兼具电源和负荷的双重属性，适用于储能站的频率电压控制装置尚未上市，目前储能站装配的频率电压控制保护装置未能实现对储能站运行状态的监视，可能出现储能站在放电同时系统频率偏低时切除储能站进一步恶化系统频率、储能站在吸无功同时系统电压偏高时切除储能站进一步恶化系统电压的情况。换言之，目前储能站配置的频率电压稳定控制装置不能够真正发挥近区系统紧急支撑功能，形式上更接近在电力系统发生频率或电压稳定事故时将联络线解列，隔离事故系统保护储能站设备安全。

针对频率电压异常下对储能站自身运行安全的保护，后续储能站建设应考虑将储能站运行状态接入频率电压控制保护装置，本节仍以现有设备进行说明。

5.2.1 装置功能

（1）启动元件。装置具有独立的启动元件，启动元件动作后开放出口继电器回路的正电源，且软件各功能模块的启动是相互独立的。

$f \leqslant f_{qls}$、$t \geqslant t_{fqls}$　　低频启动；

$U \leqslant U_{qls}$、$t \geqslant t_{uqls}$　　低压启动；

$f \geqslant f_{qls}$、$t \geqslant t_{fqls}$　　过频启动；

$U \geqslant U_{qls}$、$t \geqslant f_{vqls}$　　过压启动。

（2）低频动作原理。低频动作原理过程逻辑如图 5-2 所示。

为防止负荷反馈、高次谐波、电压回路接触不良等异常情况下引起装置低频误动作，特采取以下闭锁措施：

1）低电压闭锁，当 $U \leqslant 20\% U_N$ 时，不进行低频判断，闭锁出口。

2）df/dt 闭锁，当 $-df/dt \geqslant dfls3$ 时，不进行低频判断，闭锁出口，df/dt 闭锁后直到频率再恢复至启动频率值以上时才自动解除闭锁。

3）频率差闭锁，当各相频率差超过 0.2Hz 时，不进行低频判断，闭锁出口。

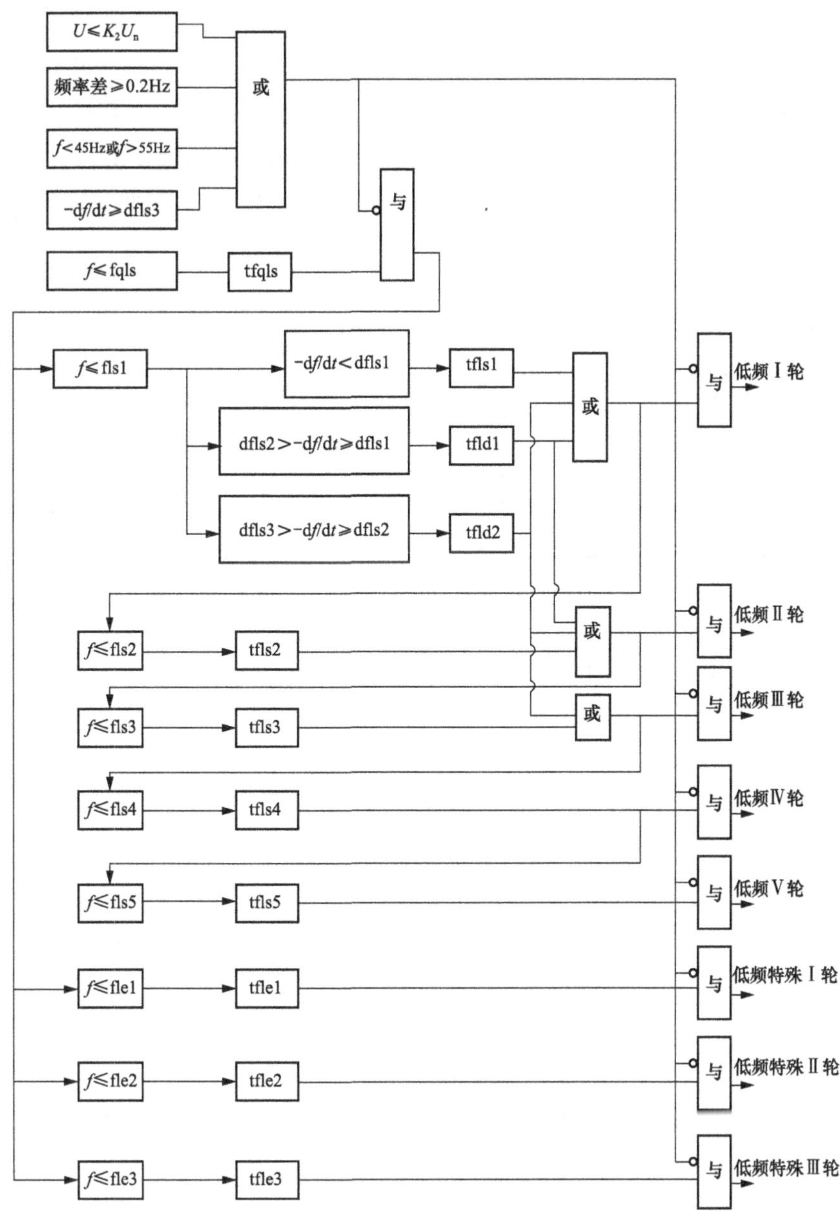

图 5-2 低频动作原理过程图

4）频率值异常闭锁，当 $f<45\text{Hz}$ 或 $f>55\text{Hz}$ 时，认为测量频率值异常，并将频率显示值置为零。对于某些地区小电网事故时频率可能超出此范围，可将频率异常范围改为 $f<40\text{Hz}$或 $f>60\text{Hz}$（订货时提供说明）。

（3）低压动作原理。低压动作原理过程逻辑如图 5-3 所示。

1）短路故障与低电压切负荷的自动配合。当系统发生短路时，母线电压迅速降低，装置应立即闭锁低压判断，当短路故障切除后，装置安装处的电压迅速回升，如果恢复不到正常的数值，但大于 K_1（故障切除后电压恢复定值）时，则装置立即解除闭锁，允许装置快速切除相应数量的负荷，使电压恢复。本装置不需要与保护二、三段的动作时间相配合，但需要用户设定“等待短路故障切除的时间（tvs6）”，一般应大于后备保护的动作时间，若后备保护最长时间为 4s，则 tvs6 可以设为 4.5～5s。超过 tvs6 以后电压还没有回升到 K_1 以上，装置将闭锁出口，并发出异常告警信号。在系统发生短路故障时，装置可能采取措施的几种情况如图 5-4 所示。图 5-4 中 U_n 为额定电压；K_1 表示故障切除后应回升到的电压定值，该定值应大于相邻线路三相短路时的残压值，建议该值一般为 70%～80%。

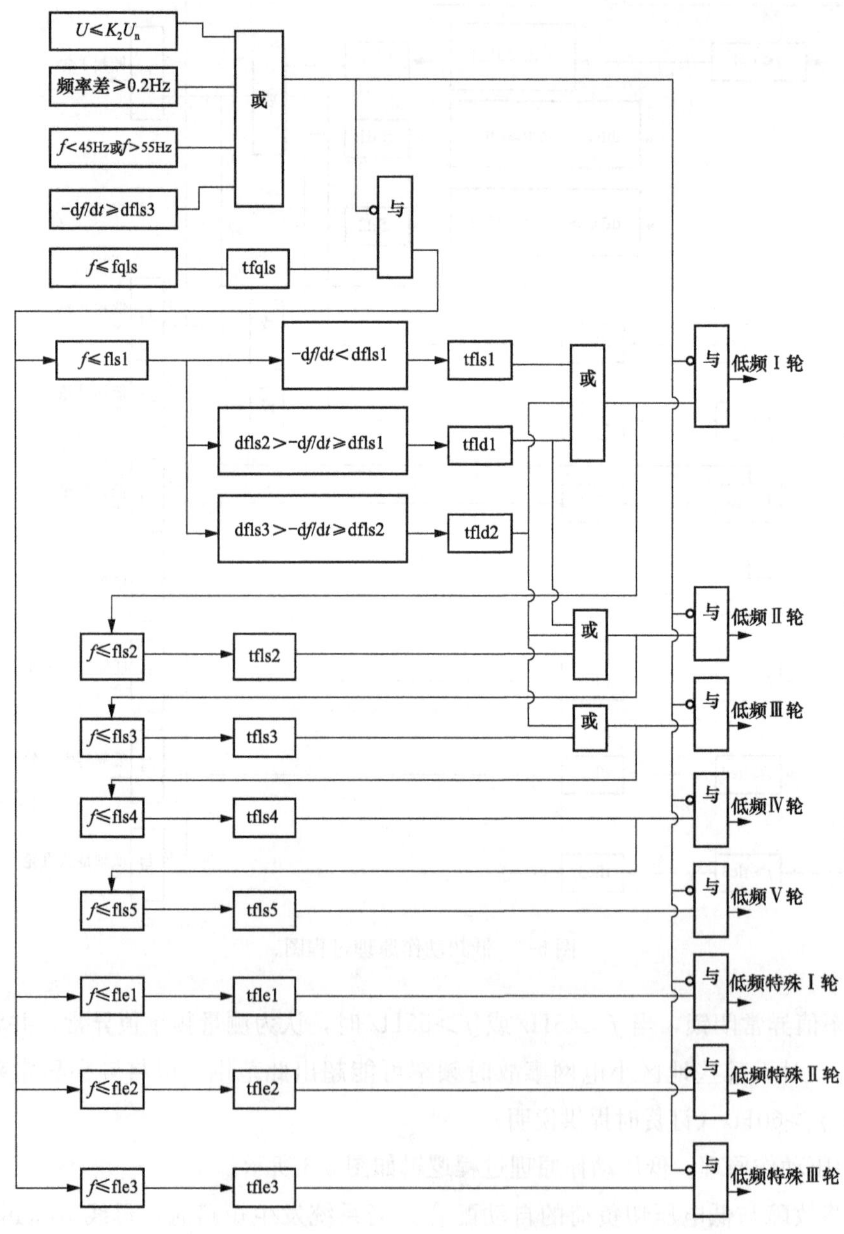

图 5-3 低压动作过程图

2）异常情况下防止装置低压误动的闭锁措施。为防止负荷反馈、短路故障、TV 断线、电压回路接触不良等异常情况下引起装置低压误动作，特采取以下闭锁措施。

a. 低电压闭锁，当 $U \leqslant 20\% U_n$ 时，不进行低压判断，闭锁出口。

b. 电压突变闭锁，当 $-du/dt \geqslant duls3$ 时，不进行低压判断，闭锁出口。

c. PT 断线闭锁，当同一段母线的各线电压差的最大值或计算出的零序电压大于 $20\% U_n$，判为 TV 回路断线，该段母线不进行低压判断，延时 5s 发 TV 断线告警信号。

（4）过频动作原理。过频动作原理过程逻辑如图 5-5 所示。

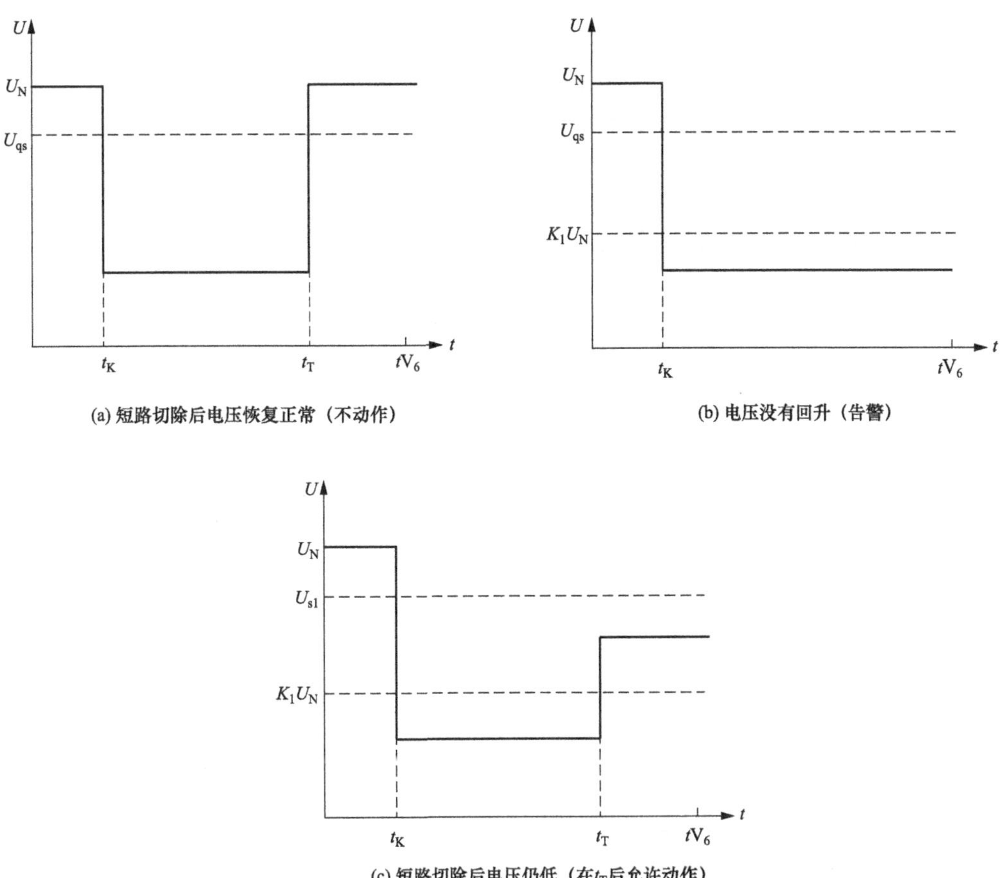

图 5-4　短路故障时母线电压变化过程示意图

为防止负荷反馈、高次谐波、电压回路接触不良等异常情况下引起装置过频误动作，特采取以下闭锁措施。

➢ 低电压闭锁，当 $U \leqslant 20\% U_n$ 时，不进行过频判断，闭锁出口。

➢ 频率差闭锁，当各相频率差超过 0.2Hz 时，不进行过频判断，闭锁出口。

➢ 频率值异常闭锁，当 $f<45$Hz 或 $f>75$Hz 时，认为测量频率值异常，并将频率显示值置为零。对于某些地区小电网事故时频率可能超出此范围，可将频率异常范围改为 $f<35$Hz 或 $f>75$Hz（订货时提供说明）。

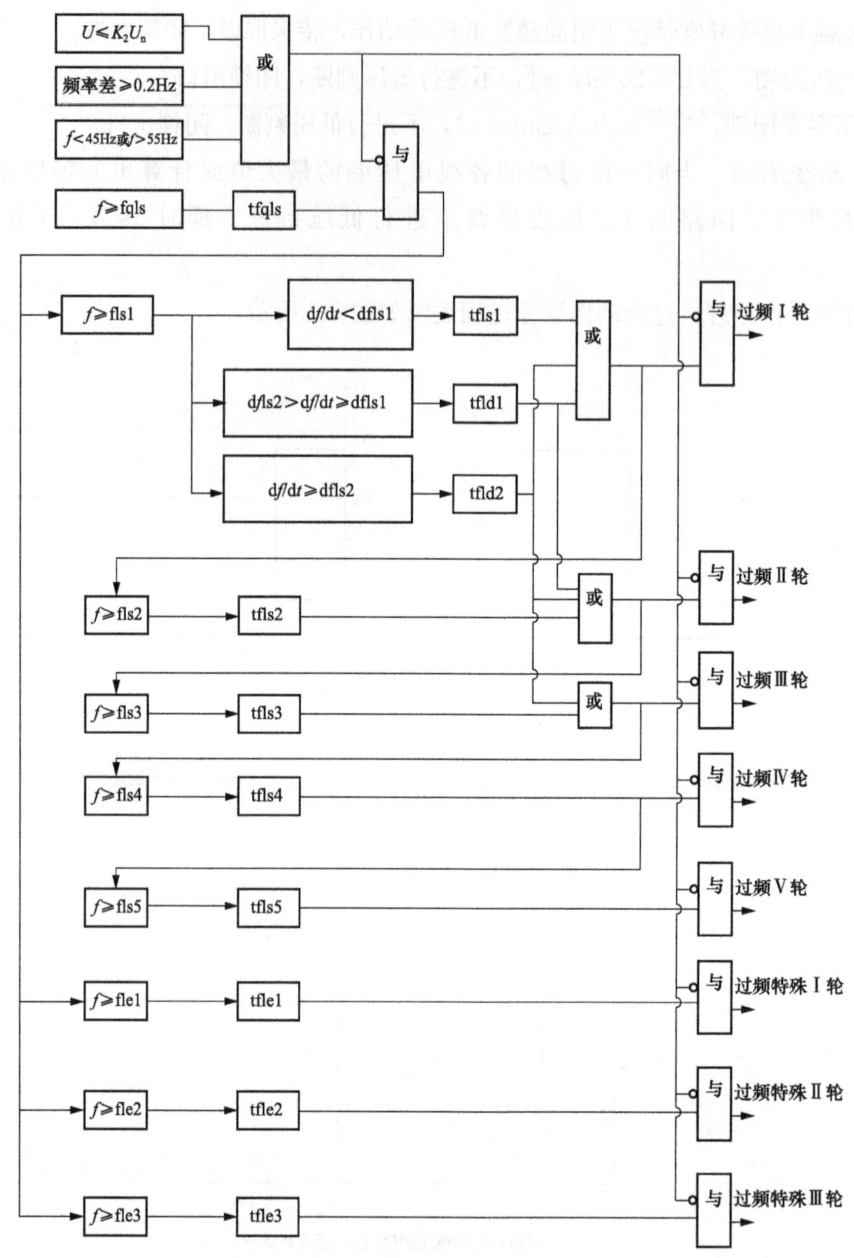

图 5-5 过频动作过程图

（5）过压动作原理。过程逻辑如图 5-6 所示。

为防止负荷反馈、短路故障、TV 断线、电压回路接触不良等异常情况下引起装置过压误动作，特采取以下闭锁措施。

➢ 低电压闭锁，当 $U \leqslant 20\% U_n$ 时，不进行过压判断，闭锁出口。

➢ TV 断线闭锁，当同一段母线的各线电压差的最大值或计算出的零序电压大于 $20\% U_n$，判为 PT 回路断线，该段母线不进行过压判断，延时 5 秒发 PT 断线告警信号。

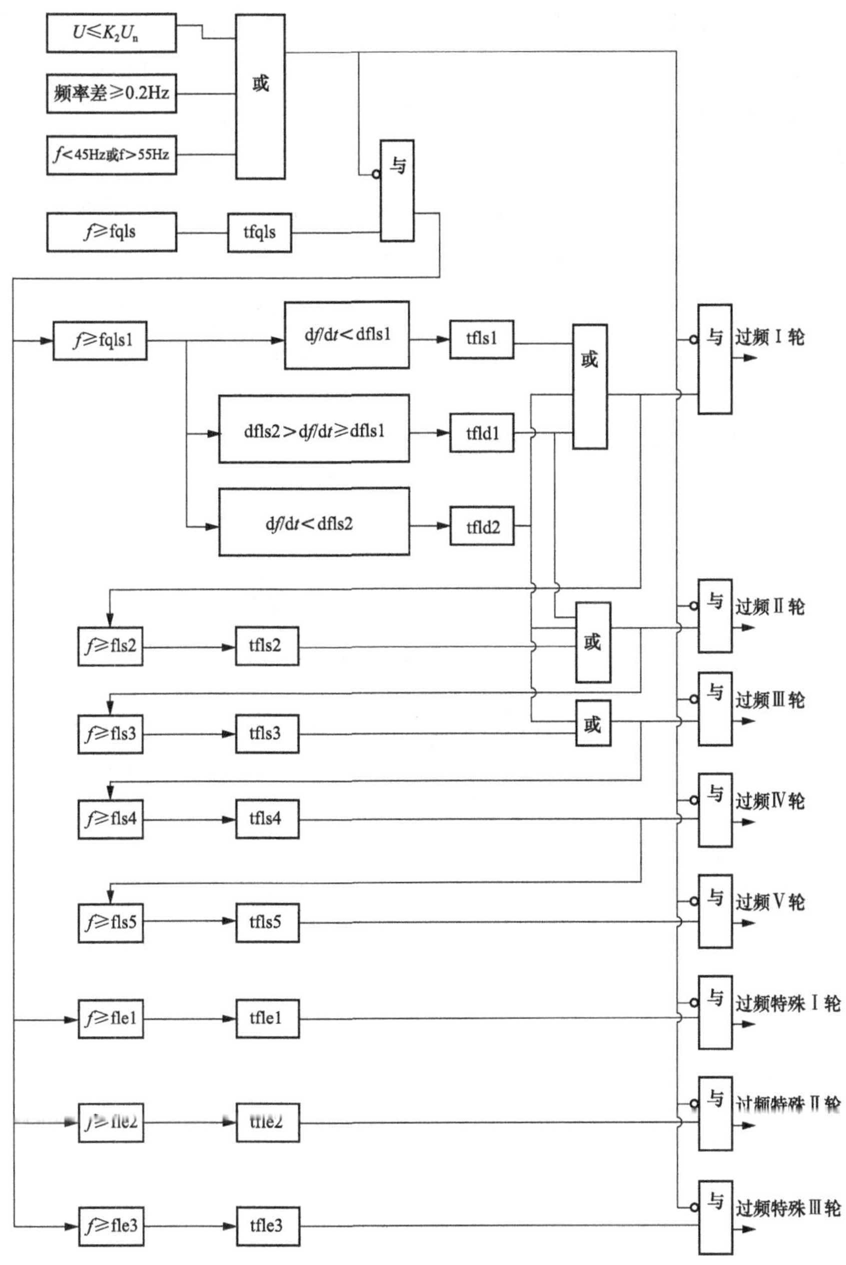

图 5-6 过压动作过程图

5.2.2 运维说明

装置运行时可通过面板上的信号灯、液晶及端子上的信号输出来反映运行情况。

(1) 电后正常运行时“运行”灯应点亮，若未点亮，则有：

1) 装置异常接点输出且液晶无显示则 CPU 系统出现故障，需更换备用 CPU 板。

2) 装置异常接点输出且液晶有提示信息则按提示信息处理。

3) 装置异常接点无输出且液晶显示正常则显示灯故障，需要更换底板。

(2) 低频或过频动作出口时“低频/过频”灯将点亮，同时信号 1 有输出；告警或线路过载时“告警/过负荷”灯将点亮，同时信号 2 有输出；低压或过压出口时“低压/过压”灯将点亮，同时信号 1 有输出；保护退出时“告警/过负荷”灯将点亮。低频减载动作、过频跳闸动作、低压减载动作、过压跳闸动作、线路过负荷动作、保护告警时液晶将显示事件信息。

（3）现场更换 CPU 板件或程序时应先退出保护出口压板，断开通信连接线；更换 CPU 板件完成后，上电整定好定值和出口、通信参数地址，才能断电投入压板和通信线再上电。

（4）对保护动作行为有疑问时，请对比事件记录、录波记录、SOE 记录及定值。可以通过通信方式传到监控后台，然后电邮到厂家，也可通过打印机打印后传真到厂家分析。

为防止电子元器件长期闲置性能恶化，长期不用的装置也应定期通电，如每月通电一星期等。备用装置通电时，除解开出口压板外，可将所有投退型定值置为“退出”，以免发出多余信号。常见异常现象及相应处理措施见表 5-3。

表 5-3　　常见异常现象及相应处理措施

<table>
<tr><th>序号</th><th>故障现象</th><th>可能的原因及措施</th></tr>
<tr><td rowspan="2">1</td><td rowspan="2">上电后有“运行”灯不亮</td><td>面板上的灯及其回路可能有故障，请与厂家联系</td></tr>
<tr><td>CPU 板程序没有正常工作，请与厂家联系</td></tr>
<tr><td rowspan="4">2</td><td rowspan="4">“告警/过负荷”灯常亮</td><td>装置自检出错，界面上有错误信息提示，请依编号【E××】查看并处理</td></tr>
<tr><td>装置处于调试状态，保护未投入，请确认调试完成，投入保护</td></tr>
<tr><td>装置处于整定状态，保护未投入，请确认整定完成，投入保护</td></tr>
<tr><td>线路过负荷动作条件满足，装置动作，界面上有“保护事件”或“告警”信息弹出</td></tr>
<tr><td rowspan="2">3</td><td rowspan="2">面板上其他指示灯异常</td><td>动作条件满足，装置动作，界面上有“保护事件”或“告警”信息弹出</td></tr>
<tr><td>相应信号继电器有异常，请与厂家联系</td></tr>
<tr><td>4</td><td>RAM 故障</td><td>“E00：RAM 出错”</td></tr>
<tr><td>5</td><td>EEPROM 故障</td><td>“E01：EEPROM 出错（写入失败）”</td></tr>
<tr><td rowspan="6">6</td><td rowspan="6">A/D 故障</td><td>“E02：A/D 故障”</td></tr>
<tr><td>“E50：A/D 故障（0V 基准错）”</td></tr>
<tr><td>“E57：A/D 故障（−4V 基准错）”</td></tr>
<tr><td>“E62：A/D 故障（转换时间过长）”</td></tr>
<tr><td>“E63：A/D 故障（2.5V 基准错）”</td></tr>
<tr><td>“E32～E43：A/D 故障（波形自检出错）”</td></tr>
<tr><td>7</td><td>EPROM 故障</td><td>“E03：EPROM 出错”</td></tr>
<tr><td>8</td><td>启动继电器故障</td><td>“E08：启动继电器故障”</td></tr>
<tr><td>9</td><td>电池不足</td><td>“E30：电池不足”，更换 CPU 板上的电池</td></tr>
<tr><td rowspan="3">10</td><td rowspan="3">定值自检出错</td><td>“E29：RAM 定值自检出错”。复位装置，若现象无法消失，相关硬件可能有问题，请与厂家联系</td></tr>
<tr><td>“E21：EEP 定值自检出错”</td></tr>
<tr><td>“E49：EEP 中定值套数自检出错”</td></tr>
<tr><td>11</td><td>显示偏暗或偏亮</td><td>调节液晶显示旋钮，调整到适当的亮度和对比度</td></tr>
<tr><td rowspan="5">12</td><td rowspan="5">装置接有打印机但无法打印或打印出乱码</td><td>打印机接口线是否良好，打印机自检是否正常</td></tr>
<tr><td>打印机电源是否打开</td></tr>
<tr><td>接口线有异常，换一根使用（注意在关闭电源后操作）</td></tr>
<tr><td>打印机是否设为串行打印方式，参数设置是否正确</td></tr>
<tr><td>装置打印接口芯片或光耦异常，请与厂家联系</td></tr>
</table>

续表

序号	故障现象	可能的原因及措施
13	装置接有后台但无法通信（除通信规约问题外）	通信接口线是否良好，后台软件是否正常工作
		接口线有异常，换一根使用
		装置通信接口芯片或光耦异常，请与厂家联系

5.3 源网荷互动终端

为支撑大电网安全稳定运行，有条件省份的电网侧电池储能站将被纳入电力系统新型安全稳定控制系统——“精准切负荷控制系统”（简称精切系统）中。在特高压直流线路或省级交流联络线输送功率出现大幅下跌时，受端电网精切系统可通过多层级控制设备的级联动作，快速切除相应容量的可中断负荷（主要为非重要工业用户），避免传统稳控系统“一刀切”模式对居民及重要电力用户的不利影响，有效满足保障电网安全和提升优质服务的双重需求。电网侧电池储能站作为终端执行站接入精切系统后，可通过快速功率响应实现对电网的紧急功率支撑；与可中断负荷不同的是，储能站在收到精切系统动作指令后立即按最大功率放电，而不是跳储能站进/出线开关。源网荷互动终端外部联系图如图 5-7 所示。

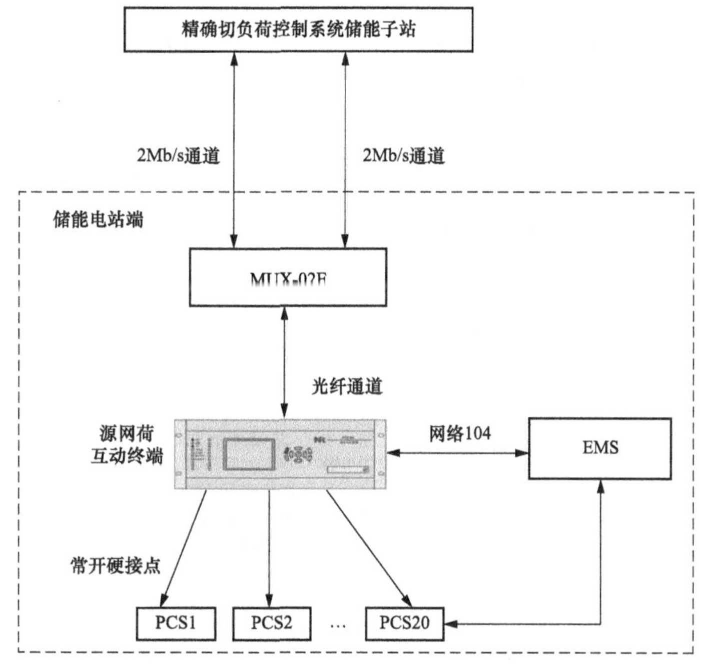

图 5-7 源网荷互动终端外部联系图

5.3.1 源网荷控制系统动作策略

源网荷互动终端对上经由 MUX-02E 2M 协议转换器和地调 SDH 接入精切系统储能子

站 A/B 屏；对下经硬接线控制站内各 PCS，同时通过网线与 EMS 系统进行通信交互。储能站源网荷互动终端采集 EMS 发送的全站当前最大可放电功率变化量，其所接各 PCS 不分层级，接到上级精切系统切负荷指令后，同时发动作指令给站内 EMS 系统及各 PCS；EMS 收到源网荷互动终端动作信号后立即禁止各 PCS 发充电命令，各 PCS 在接收到源网荷互动终端硬接点信号后立即以最大功率放电 1s。1s 后转为 EMS 根据 PCS 与电池状态最大可放功率运行，放电时间持续至 SOC 下限值；期间若 EMS 系统接收到来自源网荷源网荷互动终端的复归信号后，改由 AGC 控制储能站运行。

5.3.2 软件逻辑功能说明

（1）逻辑功能。PCS-992 储能终端装置为微机实现的数字式安全稳定控制装置，主要功能包括：通过标准 104 协议读取 EMS 发来的储能站可调功率遥测量；将可调功率作为层级 1 负荷上送给对应子站；作为执行站，接收子站稳控装置发来的切负荷命令并执行，向 PCS 发送硬接点出口信号，向 EMS 发送遥控报文，控制储能站进行最大功率放电；当站内运行人员通过本装置执行复归紧急控制命令时，向 EMS 发送恢复指令。

（2）装置起动。

1）远方命令启动：当收到远方切负荷命令时，装置启动。

2）远方预置命令启动：当收到远方预置切负荷命令时，装置启动。

（3）动作元件。

1）远方命令动作：当收到远方切负荷命令时（全切某层负荷），装置动作并执行出口。

2）远方预置命令动作：当收到远方预置切负荷命令时，装置动作，做相应的动作报文，上送相应的实切量，但不实际执行出口。

（4）与精切系统储能子站通信协议说明。源网荷互动终端单套配置，通过同一个接口转换装置同时与精切系统储能子站 A/B 套通信。具体传输内容见表 5-4。

表 5-4　　精切系统储能子站—终端通信协议

序号	终端→精切子站	精切子站→终端
	帧头	帧头
1	Index（0-3）	终端通信地址
2	注 1	切各类负荷标志 bit0-3：为 0xB，表示全切 1 类； Bit4-7：为 0xB，表示全切 2 类； Bit8-11：为 0xB，表示全切 3 类
3	注 2	试验切各类负荷标志（不出口） bit0-3：为 0xB，表示全切 1 类； Bit4-7：为 0xB，表示全切 2 类； Bit8-11：为 0xB，表示全切 3 类
4	注 3	备用
5	注 4	备用

续表

序号	终端→精切子站	精切子站→终端
6	· 备用	状态字 Bit0：为 1，表示恢复负荷提醒；
7	校验和	校验和

精切系统储能子站—终端通信协议分帧发送的内容说明见表 5-5。

表 5-5　　　　精切系统储能子站—终端通信协议分帧发送的内容说明

索引	0	1	2	3
注 1	终端 1 类负荷可切量低字（0.01kW）	终端 2 类负荷可切量低字（0.01kW）	终端 3 类负荷可切量低字（0.01kW）	终端反馈的动作状态： bit0：为 1，表示终端已切 1 类； Bit1：为 1，表示终端已切 2 类； Bit2：为 1，表示终端已切 3 类； Bit15：为 1，表示终端已动作标志
注 2	终端 1 类负荷可切量高字	终端 2 类负荷可切量高字	终端 3 类负荷可切量高字	负荷 01-08 跳闸出口压板状态： Bit0-7：为 1，表示负荷 01～08 跳闸出口压板投入
注 3	终端 1 类负荷实切量低字	终端 2 类负荷实切量低字	终端 3 类负荷实切量低字	备用
注 4	终端 1 类负荷实切量高字	终端 2 类负荷实切量高字	终端 3 类负荷实切量高字	终端状态： Bit0：接收主站通道告警； Bit1：终端装置闭锁

（5）负荷分类上送逻辑说明。负荷层级范围为 0～3，储能可调功率固定为层级 1 的负荷，层级 2、3 的负荷固定为 0。

5.3.3　运维说明

（1）面板指示灯说明，PCS-992 信号灯说明如下：

1）“运行”灯为绿色，装置正常运行时点亮，熄灭表明装置不处于工作状态。

2）“报警”灯为黄色，装置有报警信号时点亮。

3）“跳闸”灯为红色，当装置动作并出口时点亮。

需要说明的是，“跳闸”信号灯只在按下“信号复归”或远方信号复归后才熄灭。

（2）液晶显示说明。

1）装置正常运行时液晶显示说明。装置上电后，正常运行时液晶屏幕将显示主画面，PCS-992 主界面示意图如图 5-8 所示。

2）装置运行异常时液晶显示说明。装置在运行过程中，硬件自检出错或检测到系统运行异常时，主画面将立即显示自检报警信息，如图 5-9 所示，先按住“确认”键，再按“取消”键，可在报告显示界面和正常运行主画面间互相切换。

本装置能存储 32 次动作报告，32 次故障录波。当装置动作时，液晶屏幕自动显示最新的装置动作报告，再根据当前是否有自检报告，液晶屏幕将可能显示以下两种界面：

2018-11-09 10:27:24
储能终端装置
装置状态 正常状态
层别01可切功率 100kW
层别02可切功率 0kW
层别03可切功率 0kW
本站总可切功率 100kW
地址121

图 5-8 PCS-992 主界面示意图

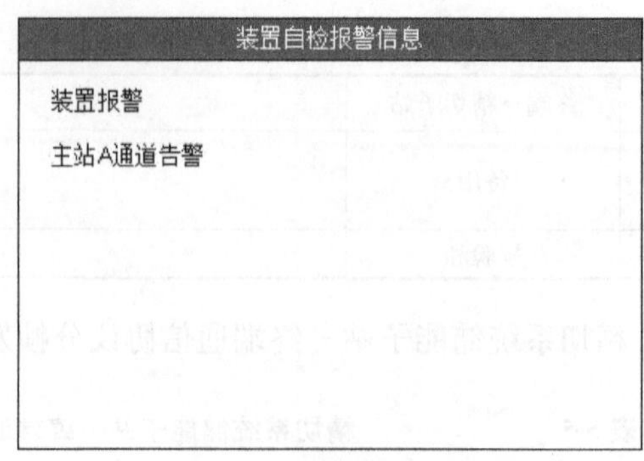

图 5-9 自检报告界面图

有装置动作报告，没有自检报告，此时界面如图 5-10 所示。当装置动作时，主画面将显示最新一次动作报告。动作报告界面显示动作报告的记录号，动作时间（格式为：年—月—日 时：分：秒：毫秒）及动作元件名称，并且在动作元件前显示装置动作的相对时间和相别，如下图所示：如果不能在一屏内完全显示，所有的显示信息将从下向上以每次一行的速度自动滚动显示。

装置动作报告和自检报告同时存在，界面如图 5-11 所示。如果动作报告和自检报告同时存在，则主画面上半部分显示动作报告，下半部分显示自检报告，如下图所示：如果不能在一屏内完全显示，动作报告和自检报告的显示信息将分别从下向上以每次一行的速度自动滚动显示。

NO.002 2011-12-09 10:10:26.498 装置动作
0000ms 装置启动
0000ms 收主站A切负荷令
0000ms 主站A令全切层别01负荷
0001ms 发储能电站控制令

图 5-10 动作报告界面图

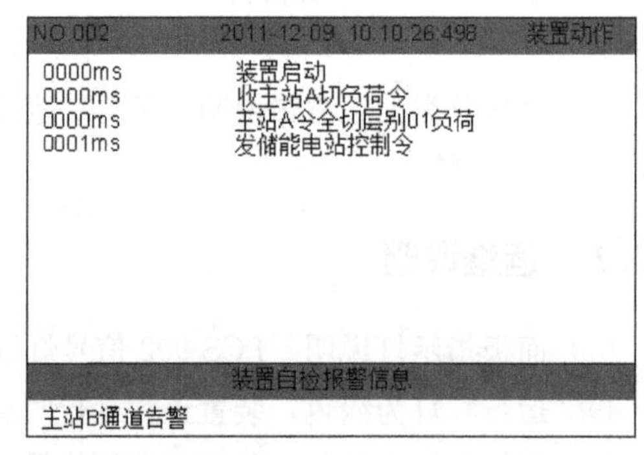

图 5-11 动作报告和自检报告界面图

先按住“确认”键，再按“取消”键，可在报告显示界面和正常运行主画面间互相切换。

先按住“取消”键，再按“确认”键，或进入菜单“本地命令→信号复归”，可复归动作报告。

（3）运行工况及说明。

1）装置出口的投、退可以通过跳、合闸出口压板实现。

2）装置功能可以通过屏上压板或内部压板、控制字单独投退。

3）装置始终对硬件回路和运行状态进行自检，自检出错信息见下面的打印及显示信息说明，当出现严重故障时（带“*”），装置闭锁所有装置功能，并灭“运行”灯，否则只退出部分策略功能，发告警信号。

（4）装置闭锁与报警。装置的硬件回路和软件工作条件始终在系统的监视下，一旦有任何异常情况发生，相应的报警信息将被显示。

某些异常报警可能会闭锁一些装置功能，一些严重的硬件故障和异常报警可能会闭锁装置。此时运行灯将会熄灭，同时开出信号的装置闭锁接点将会闭合，装置必须退出运行，需要检修以排除故障。

如果装置在运行期间被闭锁同时发出告警信息，应当通过查阅自检报告找出故障原因。不能通过简单按复归按钮或重启装置。报警信号列表见表 5-6。

表 5-6　　报 警 信 号 列 表

序号	自检报警元件	指示灯		是否闭锁装置	含义	处理意见
		运行	报警			
1	装置闭锁	○	×	是	装置闭锁总信号	查看其他详细自检信息
2	板卡配置错误	○	×	是	装置板卡配置和具体工程的设计图纸不匹配	通过“装置信息”→“板卡信息”菜单，检查板卡异常信息；检查板卡是否安装到位和工作正常
3	定值超范围	○	×	是	定值超出可整定的范围	请根据说明书的定值范围重新整定定值
4	定值项变化报警	○	×	是	当前版本的定值项与装置保存的定值单不一致	通过“定值设置”→“定值确认”菜单确认；通知厂家处理
5	装置报警	×	●	否	装置报警总信号	查看其他详细报警信息
6	通信传动报警	×	●	否	装置在通信传动试验状态	无需特别处理，传送试验结束报警消失
7	定值区不一致	×	●	否	装置开入指示的当前定值区号和定值中设置当前定值区不一致（华东地区专用）	检查区号开入和装置“定值区号”定值，保持两者一致
8	定值校验出错	×	●	否	管理程序校验定值出错	通知厂家处理
9	版本错误报警	×	●	否	装置的程序版本校验出错	工程调试阶段下载打包程序文件消除报警；投运时报警通知厂家处理
10	对时异常	×	×	否	装置对时异常	检查时钟源和装置的对时模式是否一致、接线是否正确；检查网络对时参数整定是否正确
11	光耦电源异常	×	●	否	24V 或 220V 光耦正电源失去	检查开入板的隔离电源是否接好
12	跳闸出口报警	×	●	否	出口三极管损坏	通知厂家处理
13	接口 x 告警	×	●	否	x 为对应通道接口号	检查相应接口通道（光纤通道或复用通道）
14	通道 x 告警	×	●	否		

注　●表示点亮；○表示熄灭；×表示无影响。

电池储能电站
运维检测实用技术

第6章 电池储能站设备检测验收

电池储能站的安全稳定运行依赖于设备及集成后的系统技术指标是否满足相关要求。为此，需针对电池储能站相关设备进行严格的检测，以确保整站的质量。本章主要针对电池储能站主要设备，总结现有相关标准规范，为运维人员对站内设备的检测提供指导。此外，依托标准规范，本章针对部分重要设备给出了相关的检测建议。在 6.1 中对现有涉及电池储能站的相关标准进行梳理，为运维人员提供参考依据；在 6.2 中对电池储能站相关设备的验收检测给出具体建议。

6.1 电池储能站相关标准

我国在电化学电池储能领域已经开展了较多的科研与实践活动，具有了一定的技术积累与应用经验，相关的标准与规范也在不断发展与完善。目前国内电化学电池储能技术标准与规范主要涉及系统要求、设备要求与检测、调试验收和运行维护等方面。本小节将就我国现有电化学电池储能技术标准，从国家标准、行业标准与企业标准三个方面进行讨论。

6.1.1 国家标准

为促进我国电化学电池储能产业健康发展，国家标准化管理委员会于 2014 年批准成立了全国电力储能标准化技术委员会（SAC/TC 550），秘书处承担单位为中国电力科学研究院。全国电力储能标准化技术委员会负责电力储能技术领域的标准化技术归口工作，是电气储能系统技术委员会（IEC/TC 120）的国内对口标委会。

全国电力储能标准化技术委员会成立以来，积极推动电化学电池储能技术相关的国家标准制定，目前共制定 11 项标准，极大地推动了电池储能站的建设。截至 2019 年，综合考虑标委会成立以前发布的相关国标，目前共有 12 项现行国家标准。在现行国家标准中，涉及电网侧电池储能站设备及系统检测的标准见表 6-1。

表 6-1　　电网侧电池储能检测相关国家标准

序号	标准号/计划号	标准名称	类别	状态
1	GB/T 36547	电化学储能系统接入电网技术规定	推标	现行
2	GB/T 36548	电化学储能系统接入电网测试规范	推标	现行
3	GB/T 36549	电化学储能站运行指标及评价	推标	现行

续表

序号	标准号/计划号	标准名称	类别	状态
4	GB/T 36558	电力系统电化学储能系统通用技术条件	推标	现行
5	GB/T 36276	电力储能用锂离子电池	推标	现行
6	GB/T 36280	电力储能用铅炭电池	推标	现行
7	GB/T 34120	电化学储能系统储能变流器技术规范	推标	现行
8	GB/T 34131	电化学储能站用锂离子电池管理系统技术规范	推标	现行
9	GB/T 34133	储能变流器检测技术规程	推标	现行
10	GB 51048	电化学储能站设计规范	推标	现行
11	GB/T 22473	储能用铅酸蓄电池	推标	现行

6.1.2 行业标准

国内储能行业标准的制定主要由国家能源局组织开展。国家能源局最早于 2011 年发布了能源行业标准 NB/T 31016《电池储能功率控制系统技术条件》，是有关电池储能的第一部标准。

目前我国共发布了电化学电池储能技术相关的行业标准 7 项，其中 5 项为能源行业标准，分别涉及储能接入配电网技术要求、测试条件及方法、运行控制及检测等方面，2 项为电力行业标准，分别涉及电化学电池储能站设备可靠性评价、标识系统编码等。这些已发布行业标准中，与电网侧电池储能站设备及系统检测相关的标准见表 6-2。

表 6-2　　电化学电池储能站设备与系统检测相关行业标准

序号	标准号/计划号	标准名称	状态
1	NB/T 42091	电化学储能电站用锂离子电池技术规范	发布
2	NB/T 33014	电化学储能系统接入配电网运行控制规范	发布
3	NB/T 33015	电化学储能系统接入配电网技术规定	发布
4	NB/T 33016	电化学储能系统接入配电网测试规程	发布
5	NB/T 31016	电池储能功率控制系统技术条件	发布

6.1.3 团体与企业标准

企业界较早开始电池储能系统技术进行规范制定，其中以国家电网有限公司最为重视。在 2010 年起，国家电网有限公司相继发布了多项储能系统相关企业标准，标准涵盖了储能系统、储能电池、储能变流器等的设计、入网、运行和监控具体要求及实验方法，为后续储能相关标准的制定奠定了重要的基础。

随着电化学电池储能领域产业链的逐步完善，各相关企业对标准规范的制定有更为迫切的需求。为此，中国电力企业联合会牵头集中开展了相关团体标准的制定工作，于 2018 年集中发布了 8 项团体标准，涉及储能系统监控、方舱设计、锂离子电池安全等方面的要求与规定。国内现有团体与企业标准中涉及电化学电池储能站设备与系统检测的相关标准见表6-3。

表 6-3 电化学电池储能站设备与系统检测相关团体和企业标准

序号	标准号/计划号	标 准 名 称	状态
1	T/CEC 176	大型电化学储能电站电池监控数据管理规范	现行
2	T/CEC 175	电化学储能系统方舱设计规范	发布
3	T/CEC 174	分布式储能系统远程集中监控技术规范	发布
4	T/CEC 173	分布式储能系统接入配电网设计规范	发布
5	T/CEC 172	电力储能用锂离子电池安全要求及试验方法	发布
6	T/CEC 171	电力储能用锂离子电池循环寿命要求及快速检测试验方法	发布
7	T/CEC 170	电力储能用锂离子电池爆炸试验方法	发布
8	T/CEC 169	电力储能用锂离子电池内短路测试方法	发布
9	Q/GDW 11265	电池储能站设计技术规程	发布
10	Q/GDW 11220	电池储能站设备及系统交接试验规程	发布
11	Q/GDW 1887	电网配置储能系统监控及通信技术规范	发布
12	Q/GDW 1885	电池储能系统储能变流器技术条件	发布
13	Q/GDW 1884	储能电池组及管理系统技术规范	发布
14	Q/GDW 697	储能系统接入配电网监控系统功能规范	发布
15	Q/GDW 696	储能系统接入配电网运行控制规范	发布
16	Q/GDW 676	储能系统接入配电网测试规范	发布
17	Q/GDW 564	储能系统接入配电网技术规定	发布

6.2 电池储能站设备检测验收

本小节主要针对电池储能站设备的出厂检测验收环节，以电站内重要设备为例，给出了相关验收的重点注意事项。电池储能站设备的检测包括二次设备、变压器、断路器、隔离开关、开关柜、电流互感器、电压互感器、避雷器、母线及绝缘子、电力电缆、高压熔断器、中性点隔直装置、接地装置、端子箱及检修电源箱、站用变压器、站用交流电源、站用直流电源、构支架、辅助设施、土建设施、避雷针等。

6.2.1 储能电池检测验收

（1）检测验收应对外观、内部接线、动作、信号进行检查核对。

（2）检测验收应核查储能电池验收交接试验报告。

（3）检测验收应检查、核对储能电池相关的文件资料是否齐全，是否符合验收规范、技术合同等要求。

（4）检测验收要保证所有试验项目齐全、合格，并与出厂试验数值无明显差异。

（5）检测验收工作可参照表 6-4 的要求执行。

表 6-4　储能电池检测验收项目及标准建议

序号	项目	标　准	检查方式
1	运行环境检查	（1）电池应离开热源和易产生火花的地方，并避免阳光直射及置于大量有机溶剂气体和具有腐蚀性气体的环境中；其安全距离应大于 0.5m。 （2）锂电池仓内的锂电池组应有抗震加固措施。 （3）锂电池仓门应向外开。 （4）锂电池仓内应设有运行和检修通道。通道一侧装设锂电池时，通道宽度不应小于 600mm；两侧均装设锂电池时，通道宽度不应小于 800mm。 （5）锂电池架应有接地，并有明显标志。 （6）锂电池室应安装空调，锂电池仓内应装设温度计。环境温度宜保持在 15～35℃。 （7）电池仓应安装烟雾报警装置以便及时发现问题并立即解决。锂电池仓门严密，房屋无渗、漏水	现场检查/资料检查
2	布线检查	布线应排列整齐，极性标志清晰、正确	现场检查
3	安装情况检查	锂电池编号应正确，外壳清洁	现场检查
4	资料检查	查出厂调试报告，检查锂电池制造厂的充电试验记录	现场检查
		查安装调试报告，锂电池容量测试应对锂电池进行全核对性充放电试验	现场检查
5	一致性检查	按 Q/GDW11220 试验方法及要求进行，在恒流充电结束时，小于 24 串的电池组，单体蓄电池间的实时最大电压差不应超出 200mV；大于 24 串的电池组，单体电池间最大电压差不应超出 300mV。现场不具备测试条件的（需并网），应出具现场调试报告	资料检查
6	绝缘电阻测试	按照相关标准试验方法及要求进行，在 1000V 摇表测试下其值应不小于 2MΩ，符合 GB/T 36276 规定。应出具现场调试报告	资料检查
7	额定能量测试	按相关标准试验方法及要求进行，其直流侧初始能量应为额定能量的 100%～105%。现场不具备测试条件的（需并网），应出具出厂测试报告	资料检查
8	电池系统总体要求	（1）为避免因单体电池或电池模块电池特性差异较大而引起整组电池性能和寿命下降，设备应具备电池均衡功能，按要求检查相应的技术仿真或测试报告。 （2）电池系统应具备完善的电池温度、电压、电流保护功能，电池储能系统应自动监测电池系统运行状态，计算系统充放电电压/电流限制，并通过通信接口提供给配套逆变器和后台控制系统。 （3）电池系统应采具备完整的散热、防护、灭火、照明和维护设计，满足户内外安装和运行要求。 （4）每个电池储能单元均应能够独立地按储能站监控系统的控制指令通过储能双向逆变器（PCS）配合，完成下列功能。 1）电池系统容量标定：储能单元应该能够完成通过全充-全放流程完成电池系统最大可用容量的测量和标定的功能。 2）SOC 标定：储能单元应该能够在完成电池系统容量标定时同时完成 SOC 标定。两次 SOC 标定间的 SOC 测量误差不能超过 5%。 3）电池管理系统运行参数设定包括（但不限于）：单体电池充电上限电压，单体电池放电下限电压，电池运行最低、最高温度，电池组串过流门限，电池簇过流门限，电池组串短路保护门限；满足至少具有 0.5C 充电及 0.5C 放电倍率运行条件	现场检查/资料检查

续表

序号	项目	标　准	检查方式
9	结构及工艺	（1）电池及电池组。 1）电池的正、负极端子有明显标志，便于连接、巡视和检修；电池内部结构应符合厂家的设计和工艺要求。 2）电池壳体、外盖不得有变形、裂纹及污迹，标识清晰。 3）电池组应具备完整安装连接材料，并完成电池输出端的接线。 （2）电池架。 1）设备应为架式结构。为保证美观，每面架体尺寸高度、色调应统一，整体协调。 2）电池架表面采用静电喷涂，全部金属结构件都经过特殊防腐处理，以具备防腐、阻燃性能。结构安全、可靠、美观，应具有足够的机械强度，保证元件安装后及操作时无摇晃、不变形；通过抗震试验；电池架采用开放式设计，便于安装维护；设备应有保护接地。 3）架内元器件安装及走线要求整齐可靠、布置合理，电器间绝缘应符合有关标准。进出线必须通过母线排或接线端子，大电流、一般端子、弱电端子间需要有隔离保护。母线排或端子排，大小应与所接电缆相配套。强电、弱电的二次回路的导线应分开敷设。每个接线端子只允许接一根导线。电流端子和电压端子应有明确区分。 4）架内直流回路分布合理、清晰。 5）电池直流配电盘柜内应该针对接入的电池架数量进行精心设计，拥有明显的断点器件，确保检修时能逐级断开系统。直流开关选用专用直流开关，盘柜需完善考虑预制舱内配电以及紧急供电等功能。 6）直流正负导线应有不同色标。 7）母线、汇流排需加装绝缘热缩套管，无裸露铜排。 8）柜内元件位置编号、元件编号与图纸一致，并且所有可操作部件均有标识标明功能。内部接线必须根据接线图套圈和编号，所有面板上安装的设备应当用平面识别标志和功能标志标出。 9）柜面的布置应整齐、简洁、美观。应有运行状态及运行参数的显示装置和主要的开关装置。 （3）进出线要求：宜采用下进下出的引线及连接线方式。 （4）电气元器件要求。设备使用的电气一、二次元器件应根据实际所用的回路使用交流或直流专用的产品	现场检查/资料检查
10	电芯及电池簇安全性能要求	（1）自放电率：<3%每月（休眠模式下），<3%每周（唤醒模式下）。 （2）单体电池安全性能（应提供第三方检测检验报告）： 1）过充电。将电池单体充电至电压达到充电终止电压的1.5倍或时间达到1h，不应起火、不应爆炸。 2）过放电。将电池单体放电至时间达到90min或电压达到0V，不应起火、不应爆炸。 3）短路。将电池单体正、负极经外部短路10min，不应起火、不应爆炸。 4）挤压。将电池单体挤压至电压达到0V或变形量达到30%或挤压力达到(13±0.78)kN，不应起火、不应爆炸。 5）跌落。将电池单体的正极或负极端子朝下从1.5m高度处自由跌落到水泥地面上1次，不应起火、不应爆炸。 6）低气压。将电池单体在低气压环境中静置6h，不应起火、不应爆炸、不应漏液。 7）加热。将电池单体以5℃/min的速率由环境温度升至(130±2)℃并保持30min，不应起火、不应爆炸。 8）热失控。触发电池单体达到热失控的判定条件，不应起火、不应爆炸	资料检查
11	电池箱结构要求	（1）单体电池在电池箱内应可靠固定，固定装置不应影响电池组的正常工作，固定系统的设计应便于电池组的维护。 （2）电池箱宽度公差≤±1mm，高度公差≤±0.5mm。 （3）电池箱正、负极端子有明显标志，便于连接、巡视和检修。 （4）电池箱外壳应有阻燃设计。 （5）电池箱裸露金属部件应采用静电喷涂或其他防腐处理。 （6）电池箱整体防护等级不低于IP20。 （7）电池箱外盖不得有变形、裂纹及污迹，标识清晰	现场检查

6.2.2 电池管理系统（BMS）检测验收

（1）检测验收应对 BMS 运行状态信息、电池参数信息等进行检查核对。

（2）检测验收应核查 BMS 调试报告。

（3）检测验收要保证所有试验项目齐全、合格，并与出厂试验数值无明显差异。

（4）检测验收工作可参照表 6-5 的要求执行。

表 6-5　　电池管理系统检测验收项目及标准建议表

序号	项目	标　准	检查方式
1	外观及结构检查	（1）系统机柜无有生锈、变形、腐蚀等情况。 （2）设备指示灯、按钮等元器件无损坏。 （3）所有电源连接器和电气连接件连接可靠，电气线路的绝缘性良好，电缆线、导电铜排无破损和老化情况。 （4）系统放置室附近配备的灭火装置满足配置要求。 （5）系统放置室内空间环境温度及湿度满足运行条件。 （6）系统接地可靠，接地极无腐蚀，连接无松动、脱落现象。 （7）系统放置室内常规照明设施正常。 （8）系统放置室内安全逃生通道应无障碍物，应急照明设施正常、安全出口提示标识无损坏	现场检查/资料检查
2	功能性检查	（1）状态参数信息上送功能：通过 BMS 或 EMS 能够查看系统运行状态信息，并将电池单体和电池整体信息以及报警信息上传给监控系统和 PCS。 （2）测量功能：BMS 应能实时测量电池的电与热相关的数据，应包括单体电池电压、电池模块温度、电池模块电压、串联回路电流、绝缘电阻等参数。各状态参数测量精度应符合 GB/T 34131 中要求： 1）电流采样分辨率误差应不大于±0.2%，采样周期不大于 50ms。 2）单体电压测量误差应不大于±0.3%，采样周期不大于 200ms。 3）温度采样分辨率应不大于 1℃，测量误差不大于 2℃，采样周期不大于 5s。 （3）电池系统故障诊断功能：在电池系统运行出现过压、欠压、过流、高温、低温、漏电、通信异常、电池管理系统异常等状态时，应能显示并上报告警信息，通知 PCS 及后台监控系统，以及时改变系统运行策略。 （4）电池系统保护功能：在电池系统运行时，如果电池的电压、电流、温度等模拟量出现超过安全保护门限的情况时，电池管理系统应能够实现就地故障隔离，将问题电池簇退出运行，同时上报保护信息。 （5）自诊断功能：电池管理系统应具备自诊断功能，对电池管理系统与外界通信中断，电池管理系统内部通信异常，模拟量采集异常等故障进行自诊断，并能够上报到监测系统。 （6）运行参数设定功能：电池管理系统运行各项参数应能通过本地和远程两种方式在电池管理系统或储能站监控系统进行修改，并有通过密码进行权限认证功能。 （7）本地运行状态显示功能：电池管理系统应能够在本地对电池系统的各项运行状态进行显示，如系统状态，模拟量信息，报警和保护信息等。 （8）事件及历史数据记录功能：电池管理系统应能够在本地对电池系统的各项事件及历史数据进行存储，记录不少于 10000 条事件及不少于 180 天的历史数据。运行参数的修改、电池管理单元告警、保护动作、充电和放电开始/结束时间等均应有记录，事件记录具有掉电保持功能。每个报警记录包含所定义的限值、报警参数，并列明报警时间、日期及报警时段内的峰值。 （9）操作权限管理：应具有操作权限密码管理功能，任何改变运行方式和运行参数的操作均需要权限确认。 （10）远程、就地操作：应具备远程及就地切断直流断路器、接触器的能力，并具有远程/就地切换开关。 （11）通信功能：BMS 与其他外部设备（如 PCS、EMS 监控系统、就地监控系统等）的所有通信必须满足高效可靠的通信规约，BMS 与 PCS 之间采用 485 或 CAN 网通信，同时宜具备一个硬接点借口。BMS 与 EMS 监控系统、就地监控系统采用 IEC61850 通信协议，采用双网通信。 （12）安全要求。储能站监控系统退出或意外中断运行时，电池、BMS 有足够的措施保证设备自身的安全，并维持一段时间正常运行	现场检查/资料检查

续表

序号	项目	标　准	检查方式
3	保护功能测试	（1）具备单体电压过压、欠压保护功能。 （2）具备整组电池过压、欠压、短路保护功能。 （3）具备温度过高、过低保护功能	现场检查
4	通信功能试验	（1）遥信：人为模拟各种故障，应能通过与监控装置通信接口连接的上位计算机收到各种报警信号及设备运行状态指示信号。 （2）遥测：改变设备运行状态，应能通过与监控装置通信接口连接的上位计算机收到装置发出当前运行状态下的数据。 （3）遥控：具备 CAN/RS485 总线通信功能可与 PCS 进行数据通信，实现设备进行开机、关机、充电、放电状态的转换	现场检查
5	技术参数要求	BMS 包括三层架构，分别监测电芯、电池簇和电池堆的相关运行参数。 一级 BMS 需能够监测单体电芯的电压、温度，具备均衡功能。 二级 BMS 需能够监测整簇电池总电压、总电流、能采集外部急停信号，高压控制盒内开关的状态量，能输出故障和运行状态，二级 BMS 需向三级 BMS 实时传递信息。二级 BMS 保护基本要求：单体电池温度超温、低温，电压过压、欠压等均需具备告警和二级故障保护；电池簇电压过压、欠压、过流等均需具备告警和二级故障保护；电池簇需配置短路保护。 三级 BMS 需能收集系统的总电压、总电流、总功率、二级 BMS 信息，能够实时对电池系统电池 SOC、SOH、循环次数进行准确计算	现场检查/资料检查

6.2.3　功率变换系统（PCS）检测验收

（1）检测验收应对 PCS 运行状态信息进行检查核对。

（2）检测验收应核查 PCS 调试报告。

（3）检测验收要保证所有试验项目齐全、合格，并与出厂试验数值无明显差异。

（4）检测验收工作可参照表 6-6 的要求执行。

表 6-6　功率变换系统检测验收项目及标准建议

序号	项目	标　准	检查方式
1	PCS 柜外观及结构检查	（1）柜体外形尺寸应与设计标准符合。柜体内紧固连接应牢固、可靠，所有紧固件均具有防腐镀层或涂层，紧固连接应有防松措施。 （2）装置应完好无损，设备屏、柜的固定及接地应可靠，门应开闭灵活，开启角不小于 90°，门与柜体之间经截面不小于 $4mm^2$ 的裸体软导线可靠连接。 （3）元件和端子应排列整齐、层次分明、不重叠，便于维护拆装。长期带电发热元件的安装位置在柜内上方。 （4）二次接线应正确，连接可靠，标志齐全、清晰，绝缘符合要求。 （5）设备柜及电缆安装后，孔洞封堵和防止电缆穿管积水结冰措施检查。 （6）柜内各表计正常、断路器无脱扣，接线无松动发热及变色现象。 （7）通风状况和温度检测装置正常。 （8）柜外壳接地检查合格	现场检查/资料检查
2	变流器元器件检查	（1）柜内安装的元器件均有产品合格证或证明质量合格的文件。 （2）导线、导线颜色、指示灯、按钮、行线槽、涂漆等符合相关标准的规定。 （3）直流空气断路器、熔断器上下级配合级差应满足动作选择性的要求。 （4）直流电源系统中应防止同一条支路中熔断器与空气断路器混用，尤其不应在空气断路器的下级使用熔断器，防止在回路故障时失去动作选择性。 （5）严禁直流回路使用交流空气断路器	现场检查/资料检查
3	绝缘电阻测试	在正常试验大气条件下，储能变流器各独立电路与外部的可导电部分之间，以及与各独立电路之间的绝缘电阻应不小于 1MΩ，采用 1000V 绝缘电阻表	现场检查/资料检查

续表

序号	项目	标　　准	检查方式
4	效率测试	其值应符合 GB/T 34120—2017 的规定。在额定运行条件下，储能变流器的整流效率和逆变效率均应不低于 94%	现场检查/资料检查
5	功率因数	并网运行模式下，当不参与系统无功调节，且储能变流器输出大于其额定输出的 50%时，平均功率因数应不小于 0.98（超前或滞后）	现场检查/资料检查
6	充放电切换时间测试	按相关标准试验方法及要求进行，其值应≤100ms。现场不具备测试条件的，应提供出厂测试报告	现场检查/资料检查
7	谐波电流测试	按相关标准试验方法及要求进行，其值应≤3%。现场不具备测试条件的，应提供出厂测试报告	现场检查/资料检查
8	直流分量测试	储能变流器额定功率运行时，交流侧电流中的直流电流分量应不超过其输出电流额定值的 0.5%。现场不具备测试条件的，应提供出厂测试报告	现场检查/资料检查
9	基本要求	（1）变流器要求能够自动化运行，运行状态可视化程度高。显示屏可清晰显示实时各项运行数据，实时故障数据，历史故障数据。 （2）变流器本体要求具有直流输入分断开关，紧急停机操作开关。 （3）变流器应具有短路保护、过温保护、交流过流及直流过流保护、直流母线过电压保护、电网过欠压等保护功能等，并相应给出各保护功能动作的条件和工况（即何时保护动作、保护时间、自恢复时间等）。 （4）变流器应具有通信接口，能将相关的测量保护信号上传至监控系统，并能实现远方控制。 （5）变流器的安装应简便，无特殊性要求。 （6）变流器需具备无功调节能力，可参与电网 AVC 调压，功率因数调节范围－1（超前）～＋1（滞后），动态无功响应时间＜30ms	现场检查/资料检查
10	接地要求	为了消除设备之间的电位差和噪声干扰，机柜内应有足够截面的铜接地母线（不小于 $100mm^2$），机柜和设备都应该有接地端子，并用截面不小于 $4mm^2$ 的多股铜线连接到铜接地母线上来接地	现场检查
11	二次回路的布线	（1）布线：内部配线的额定电压为 1000V，应采用防潮隔热和防火的交联聚乙烯绝缘铜绞线，其最小截面不小于 $1.0mm^2$。 元器件与端子、端子与端子之间的连接用多股绝缘导线时应采用冷压接端头，冷压连接应牢靠、接触良好。 导线应无划痕和损伤，应提供配线槽以便于固定电缆，并将电缆连接到端子排。 所有连接于端子排的内部配线，应以标志条和有标志的线套加以识别。 若屏内具有加热器，端子和电加热器或电阻器之间的连接引线不能使用非耐热绝缘铜线。由于电加热器或电阻器附近的温度高，因此，应该采用瓷管套着的裸导线，或使用耐热的导线。 屏内布线不应该布置得使接点处于不利的角度或者温度升高的地方。 对长期带电发热的元器件，安装位置应靠上方，与周围元器件及导线束应保持不小于 20mm 的间隙距离。 在可运动的地方布线，如跨越门或翻板的连接导线，必须采用多股铜芯绝缘软导线，要留有一定长度裕量，并采用缠绕带等予以保护，以免产生任何机械损伤，同时还应有固定线束的措施。 连接导线的中间不允许有接头。装置内部配线侧每一个端子的一个端口不允许连接超过两根的导线，并保证可靠连接。外部接线侧一个端子的一个端口只允许接入一根导线。 绝缘导线束不允许直接紧贴金属构件敷设。穿越金属构件时，应有保护导线绝缘不受损伤的措施。 （2）接线端子：所有端子的额定值为 1000V、10A，阻燃端子。 装置出口段端子采用红色端子。 元器件与端子、端子与端子之间的连接用多股绝缘导线时应采用冷压接端头；冷压连接要求牢靠、接触良好。 各回路之间、正负电源之间、电源回路与其他端子之间要设置空端子隔离。端子排间应留有足够的空间，便于外部电缆的连接。 端子排应牢固固定，使其不至于振动、发热等而变松，同时还应能方便地进行检查和维护。	现场检查/资料检查

续表

序号	项目	标准	检查方式
11	二次回路的布线	(3) 颜色代号：导线的颜色代号基本上应该与制造厂的标准一致。应提交制造厂的颜色代码标准，导线颜色在合同签订后由最终决定。引线应该加套，这些套的颜色就作为相序的代号。 交流回路相序： A相黄色； B相绿色； C相红色； 中性线淡蓝色。 直流回路： ＋（正极）　棕色； －（负极）　蓝色	现场检查/资料检查
12	运行控制功能要求	(1) 启动与关停。装置启动时应首先自检，具有完善的软硬件自检功能，装置故障或异常时应告警并详细记录相关信息。 启动时还需要确认与BMS、监控系统通信正常。 装置应设有自复位电路，在正常情况下，装置不应出现程序死循环的情况，在因干扰而造成程序死循环时，应能通过自复位电路自动恢复正常工作。复位后仍不能正常工作时，应能发出异常信号或信息。 启动时间：从初始上电到额定功率运行时间不超过5s。 关停时间：任意工况下，从接受关停指令到交流侧开关断开所用时间不超过100ms。 装置启动时应确保输出的有功功率变化不超过所设定的最大功率变化率。 除发生电气故障或接受到来自于电网调度机构的指令以外，多组PCS装置同时切除的功率应在电网允许的最大功率变化率范围内。 (2) 装置的控制方式。PCS装置控制方式应满足招标人要求，具体在设计联络会中确定。 (3) 装置的运行模式。PCS装置应具备科学、完善的运行模式和运行状态设置，满足调试、运行、检修维护的需要，运行工作状态切换时应采取必要的措施保证设备的安全。 (4) 运行状态切换。PCS装置应能快速切换运行状态，从额定功率并网充电模式状态转为额定功率并网放电状态所需的时间应不大于100ms。 (5) 通用技术要求。PCS装置可接收监控系统的控制指令对电池进行充放电。 PCS装置还应能处理电池管理系统的各种告警信息，以确保电池的安全。 PCS装置的充放电策略应充分考虑分系统内的蓄电池的充放电特性。 PCS装置应与分系统内的蓄电池管理系统（BMS）通信，依据蓄电池管理系统提供的数据动态调整充放电参数、执行相应动作，实现对充放电电压和电流的闭环控制，以满足蓄电池在各个充放电阶段的各项性能指标	现场检查/资料检查
13	并网充电技术要求	(1) 直流电压稳定精度（稳压精度）。储能变流器在恒压工作状态下，输出电压的稳压精度应不超过±2%，电压纹波应不超过2%。 (2) 直流电流稳定精度（稳流精度）。储能变流器在恒流工作状态下，输出电流的稳流精度应不超过±5%，电流纹波应不超过5%。 (3) 限压特性。对锂离子蓄电池充电时，当PCS装置处于稳流充电状态并且电压最高的单体电压达到规定值时，充电电流根据BMS信息自动减小，充电电压自动调整范围应满足锂电池充电要求。 (4) 限流特性。充电开始阶段，应根据电池的需要采取必要的限流措施，避免冲击电流对电池及PCS自身的损害。 对锂离子蓄电池充电时，当PCS装置处于稳压充电状态并且充电电流达到规定值时，充电电压应自动减小，电流自动调整范围应满足锂电池充电要求。 (5) 预充电。当发生单体锂离子蓄电池的电压低于最低允许电压时，应采用预充电模式充电。 当最低单体锂离子蓄电池的电压上升到最低允许电压以上时，预充电过程结束，转入正常充电模式。	现场检查/资料检查

续表

序号	项目	标　　准	检查方式
13	并网充电技术要求	（6）充电截止的判据。当收到 BMS 过充电告警信号、蓄电池单元端电压值升高到充电截止电压，或者充电电流降低到一定限值时停止对蓄电池的充电。 当 BMS 中单体电池电压监测电路发生故障，或 PCS 与 BMS 通信中断时，PCS 装置应自动停止充电。 （7）其他。当不能通过热管理设备使蓄电池模块内温度控制在规定值范围内时，应根据 BMS 信息自动减小 PCS 装置的充电电流，过温时应自动停止充电	现场检查/资料检查
14	并网放电技术要求	（1）并网。PCS 装置应能自动与电网同步。 （2）电能质量。PCS 装置应具有相应的控制功能确保交流输出电能质量满足要求。 （3）输出功率控制。PCS 应能在容量范围内接受监控系统的指令，快速连续调节输出有功功率（P）和无功功率（Q），实现有功、无功解耦控制。运行过程中最低要求功率因数在－1～＋1 之间连续可调。 PCS 装置的最大功率变化率应满足并网标准和调度要求。 （4）电池放电控制。当有接收到 BMS 的过放电告警信号，或者蓄电池最低单体电池电压低于最低允许放电电压时，应停止蓄电池的放电。 当不能通过热管理设备使蓄电池模块内温度控制在规定值范围内时，应自动减小 PCS 装置的放电电流，过温时应自动停止放电。 当 BMS 中单体电池电压监测电路发生故障，或 PCS 与 BMS 通信中断时，PCS 装置应自动停止放电	现场检查/资料检查
15	保护	PCS 装置应同时配置有硬件故障保护和软件保护，保护功能配置完善，保护范围交叉重叠，没有死区，能确保在各种故障情况下的系统安全。 PCS 应支持 IEC 61850、MODBUS 通信，并应能配合站端计算机监控及电池管理系统完成储能单元的监控及保护。 部分保护功能详细说明如下： （1）硬件保护。PCS 装置的硬件故障保护应包括：IGBT 模块过流、IGBT 模块过温、直流母线过压故障。当装置检测到上述紧急故障后，应立即封脉冲，跳交直流两侧断路器，停机告警。故障清除后，需手动复归故障标志，PCS 装置方可继续投入使用。 （2）软件保护。功率变换系统（PCS）应具备如下保护功能，确保各种故障情况下的系统和设备安全	现场检查/资料检查
16	通信与信号	通信方式。PCS 装置应具备 CAN、RS485/RS232 和以太网通信接口。 以太网通信接口用于与储能监控系统通信，采用 IEC 61850 通信协议。 PCS 装置与 EMS 通信宜采用 CAN/RS485，宜支持 CAN2.0B、MODBUS-TCP 通信协议	现场检查/资料检查
17	信息交互	与监控系统的信息交互。 （1）上传量：PCS 上传告警信息、开关量、模拟量等必要信息至储能站监控系统，在相关技术规范中给出具体规定。 （2）下行量：储能站监控系统下达运行策略信息、控制信息等必要信息至 PCS，在相关技术规范中给出具体规定	现场检查/资料检查

6.2.4　预制舱检测验收

（1）检测验收应对外观、防水性、保温性、防腐性、防火性、阻沙性、防震、防紫外线进行检查核对。

（2）检测验收包括预制舱设备配置、预制舱电气系统、接地防雷、储能预制舱安装。

（3）检测验收时应严格审查所用材料的出厂合格证件及试验报告等资料，并核查相关竣工图纸，确保现场预制舱设施与设计相符，做到图实一致。

（4）检测验收可参照表 6-7 中的要求执行。

表 6-7　预制舱检测验收项目及标准建议

序号	项目	标　　准	检查方式
1	储能预制舱基本要求	(1) 预制舱中的走线应全部为内走线，除了锂电池（安装在电池支架上）落地安装外，直流汇流设备根据卖方设备的特点确定安装方式，动力配电箱等其他设备一律壁挂式安装（如果卖方方采取其他安装方式，请在卖方文件中明确说明）。 (2) 采用集装箱式房体。电池箱房防护等级不低于 IP65 且在电池箱房在寿命期限内（25 年内）具备无限次满载吊装强度。 (3) 预制舱喷涂均一颜色，色号为由设计联络会确定。 (4) 防水性：箱体顶部不积水、不渗水、不漏水，箱体侧面不进雨，箱体底部不渗水。出厂前进行淋雨试验，试验内容：处于工作状态，门、翻板、窗、孔口关闭，降雨强度为 5～7mm/min，试验时间为 1h，舱内和舱壁及各孔口内部不应有渗水或漏水。 (5) 保温性：预制舱壁板、舱门采取隔热措施处理，在舱内外温差为 55℃的环境条件下，传热系数小于等于 1.5W/(m²·℃)。 (6) 防腐性：预制舱承载骨架涂覆处理，内外蒙皮采用玻璃钢。在实际使用环境条件下，预制舱的外观、机械强度、腐蚀程度等确保满足 25 年实际使用的要求。 (7) 防火性：预制舱外壳结构、隔热保温材料、内外部装饰材料等全部为阻燃材料，相邻舱体间至少一面舱体耐火时间不小于 3h。 (8) 阻沙性：预制舱必须具有阻沙功能，在自然通风状态下新风进风量≥20%，阻沙率≥99%。 (9) 防震：预制舱出厂前须进行吊装、承重、跑车试验，可以保证运输和地震条件下预制舱及其内部设备的机械强度满足要求，不出现变形、功能异常、震动后不运行等故障。 (10) 防紫外线：预制舱内外材料的性质不会因为紫外线的照射发生劣化、不会吸收紫外线的热量等	现场检查
2	电池（PACK）安装接口	电池预制舱内部设置电池架安装预埋件，保证电池架与预制舱底板内的预埋件可靠连接	现场检查
3	舱内环境温度调节控制	预制舱需采取有效措施调节控制舱内环境温度，采取的措施应尽可能减少用电量，以保证预制舱对外最大供电能力。舱内空调应具备全年日夜不停运行，并且可备份运行能力，24h 连续不断运转超寿命不低于 10 年	现场检查或资料检查
4	监控系统	预制舱内配置视频监控及门禁报警功能。视频设备确保预制舱内部全面监视，实时观察预制舱内的设备情况，当有人强行试图打开舱门时，门禁产生威胁性报警信号，通过以太网远程通信方式向监控后台报警，该报警功能应可以由用户屏蔽。 视频监控设备及门禁主机信号需支持接入总控舱内的智能辅助控制系统	现场检查
5	设备工作状况显示	预制舱侧壁合适位置设置显示屏，用于实时显示舱内设备工作状况，显示屏与舱壁连接的安装连接需保证密闭性	现场检查
6	应急及灭火系统	消防联动：接入能量管理系统。 预制舱配置灭火系统，灭火材料需选用七氟丙烷，并应提供技术方案论证和说明	现场检查
7	烟温传感器	舱内配置烟雾传感器、温湿度传感器等安全设备，烟雾传感器和温湿度传感器必须和系统的控制开关形成电气连锁，一旦检测到故障，必须通过声光报警和远程通信的方式通知用户，同时，切掉正在运行的锂电池成套设备。 根据预制舱布置形式，部分预制舱内设置动环主机，采集本舱及相邻舱内的消防信息及温湿度传感器信息，动环主机通过超五类屏蔽双绞线接入至总控舱智能辅助控制系统屏内	现场检查
8	舱内照明	舱内配置照明灯和应急照明灯，一旦系统断电，应急照明灯必须立即投入使用，5 年内，单盏应急照明灯的有效照明时间不能小于 2h	现场检查
9	储能预制舱内饰	预制舱结构须采用高耐候钢板或玻璃钢材质，地板铺设厚度约为 4～5mm 的绝缘地板，地板具有绝缘、防滑、阻燃等性能	现场检查

续表

序号	项目	标　　准	检查方式
10	控制开关及插座	预制舱舱门旁边设置舱内照明控制开关，舱内合适位置设置五孔电源插座，三相插座地线没接通前不允许供电（即不接通地线，L、N线的插头无法插入插座）。电源插座对应配电箱的连接必须有独立的断路器进行短路、过载和选择性保护，电源插座选用工业级产品	现场检查
11	线缆及走线	配电箱内不同供电回路的接线端子应用不同的标识颜色（即采用彩色接线端子标识不同供电回路）；供电系统内的电线电缆应全部采用使用不同颜色标识的交联聚乙烯绝缘阻燃电缆，电缆必须有独立的绝缘层和护套层，其长期允许工作温度不能低于90℃，电线电缆的额定绝缘耐压值应高出实际电压值一个等级。电缆中性线和地线的截面积不能小于相线的截面积，电缆相线的最小截面积不能小于4mm^2；配电箱的技术性能、标识、安全性、布线方式等必须符合国标中最严格条款的要求。 舱内走线采用明线和暗线结合的方式，照明灯、烟雾传感器等设备的走线可采用暗线方式，明线走线需进行防护处理	现场检查
12	接地防雷	预制舱的螺栓固定点与整个预制舱的非功能性导电导体可靠联通，同时，预制舱应至少提供4个符合最严格电力标准要求的接地点，向用户提供的接地点必须与整个预制舱的非功能性导电导体形成可靠的等电位连接。 预制舱顶部必须配置连接可靠的高质量防雷系统，防雷系统通过接地扁钢或接地圆钢在不同的4点连接至主接地网上，接地系统中导体的有效截面积在后续图纸确认时确定	现场检查
13	安装	预制舱必须提供螺栓安装固定接口。预制舱底部必须保证放置后与墩柱之间无间隙	现场检查

6.2.5 高压汇流柜检测验收

（1）检测验收应对汇流柜外观、密封性、防火封堵、端子排二次接线及绝缘性、安装等进行检查核对。

（2）检测验收应核查汇流柜交接试验报告。

（3）检测验收要保证所有试验项目齐全、合格，并与出厂试验数值无明显差异。

（4）检测验收工作可参照表 6-8 的要求执行。

表 6-8　　高压汇流柜检测验收项目及标准建议

序号	项目	标　　准	检查方式
1	柜体检查	（1）设备出厂铭牌齐全、清晰可识别，柜体正门应具有限位功能。 （2）柜门和柜体结合面压力应均匀，密封良好，应能防风沙、防腐、防潮。 （3）柜体前、后柜门各设把手及碰锁，开启和关闭柜门后，柜门应保持平整不变。 （4）应有明显的一次接地桩或接地标志，接地接触面不小于一次设备接地规程要求。 （5）外观完好，无锈蚀、变形等缺陷，规格符合设计要求，且厚度≥2mm	资料检查/现场检查
2	密封检查	（1）密封良好，内部无进水、受潮、锈蚀现象。 （2）柜体内电缆孔洞应用防火堵料封堵，必要时用防火板等绝缘材料封堵后再用防火堵料封堵严密，以防止发生堵料塌陷。 （3）通风口无异物，通风完好	现场检查

续表

序号	项目	标准	检查方式
3	接线检查	(1) 接线规范、美观，二次线必须穿有清晰的标号牌，清楚注明二次线的对侧端子排号及二次回路号；电缆牌内容正确、规范，悬挂准确、整齐，清楚注明二次电缆的型号、两侧所接位置；与设计图纸相符，柜内元器件标签齐全、命名正确。 (2) 柜内接线布置规范，电缆芯外露不大于5mm，无短路接地隐患。 (3) 端子排正、负电源之间以及正电源与分、合闸回路之间，宜以空端子或绝缘隔板隔开。 (4) 二次电缆备用芯线头应进行单根绝缘包扎处理，严禁成捆绝缘包扎处理，低压交流电缆相序标志清楚。 (5) 每个接线端子不得超过两根接线，不同截面芯线不得接在同一个接线端子上。 (6) 柜内光纤应完好、弯曲度应符合设计要求；柜内温、湿度信号应上传至后台或远方，并显示正确	现场检查
4	驱潮加热装置检查	驱潮加热装置完备、运行良好，温度、湿度设定正确，按规定投退。加热器与各元件、电缆及电线的距离应大于50mm	现场检查
5	空气开关检查	(1) 柜内二次空气开关位置正确、标志清晰、布局合理、固定牢固，外观无异常，应满足运行、维护要求。 (2) 级差配合试验检查合格，符合要求	现场检查
6	安装检查	(1) 安装牢固，安装位置便于检查，成列安装时，排列整齐，柜体应上锁。 (2) 柜体接地，柜内二次接地良好，柜门与箱体连接良好，锁具完好	现场检查
7	反措检查	(1) 现场端子排不应交、直流混装，现场机构箱内应避免交、直流接线出现在同一段或串端子排上。 (2) 接地符合规范要求，箱内设一根$100mm^2$不绝缘铜排，电缆屏蔽、箱体接地均接在铜排上，且接地线应不小于$4mm^2$，而铜排与主铜网连接线不小于$100mm^2$，箱门、箱体间接地连线完好且接地线截面不小于$4mm^2$。 (3) 直流回路严禁使用交流快分开关、禁止使用交、直流两用快分开关	现场检查
8	切换开关及分合闸按钮检查	(1) 检查外观标志清晰、位置切换正确。 (2) 有远方控制时，应具备“远方”“就地”操作方式，并有相应的切换开关	现场检查
9	二次元件检查	箱内二次元件完整、齐全、接线正确，无异常放电等声响，形变及发热现象	现场检查
10	绝缘检查	(1) 二次接线用1000V绝缘表测量，要求大于10MΩ。 (2) 柜内母线（如有）对地绝缘可靠，母线无裸露导体。 (3) 柜内端子排绝缘完好，接线端子及螺栓无锈蚀	现场检查
11	箱内照明检查（有照明时）	箱内照明完好，箱门启动或箱内启动照明功能正常	现场检查

6.2.6 负荷开关检测验收

(1) 检测验收应核查负荷开关交接试验报告。

(2) 检测验收应检查、核对高压负荷开关相关的文件资料是否齐全。

（3）检测验收要保证所有试验项目齐全、合格，并与出厂试验数值无明显差异。

（4）不同电压等级的负荷开关，应按照不同的试验项目及标准检查安装记录、试验报告。

（5）检测验收工作可参照表 6-9 的要求执行。

表 6-9　　负荷开关检测验收项目及标准建议

序号	验收项目	验收标准	检查方式
1	负荷开关柜各部面板	（1）柜体平整，表面干净无脱漆锈蚀。 （2）柜体柜门密封良好，接地可靠，观察窗完好，标志正确、完整。 （3）电气指示灯颜色符合设计要求，亮度满足要求。 （4）设备出厂铭牌齐全、参数正确	现场检查
2	负荷开关柜本体	（1）负荷开关柜垂直偏差：<1.5mm/m。 （2）负荷开关柜水平偏差：相邻柜顶<2mm，成列柜顶<2mm。 （3）负荷开关柜面偏差：相邻柜边<1mm，成列柜面<1mm，开关柜间接缝<2mm。 （4）采用截面积不小于 240mm² 铜排可靠接地。 （5）负荷开关柜等电位接地线连接牢固。 （6）负荷开关柜二次接地排应用透明外套的铜接地线接入地网	现场检查
3	负荷开关室	（1）柜上观察窗完好，能看到开关机械指示位置及储能指示位置。 （2）负荷开关外观完好、无灰尘。 （3）仓室内无异物、无灰尘，导轨平整、光滑。 （4）驱潮、加热装置安装完好，工作正常。加热、驱潮装置应保证长期运行时不对箱内邻近设备、二次线缆造成热损伤，应大于 50mm，其二次电缆应选用阻燃电缆	现场检查
4	操作	（1）接地刀闸分合顺畅无卡涩，接地良好，二次位置切换正常。 （2）闸刀分合顺畅到位，无卡涩，二次切换位置正常。 （3）负荷开关远方、就地分合闸正常，无异响，机构储能正常，紧急分闸功能正常	现场检查
5	闭锁逻辑	开关柜闭锁逻辑应至少满足以下要求： （1）负荷开关闸刀在合位，接地刀闸不能合闸，机械闭锁可靠。 （2）负荷开关闸刀在分位，负荷开关不能合闸，电气及机械闭锁可靠。 （3）负荷开关在合位，负荷开关闸刀不得分合，机械闭锁可靠。 （4）接地刀闸在合位，负荷开关闸刀不能合闸，机械闭锁可靠。 （5）带电显示装置指示有电时/模拟带电时，接地刀闸不能合闸，电气及机械闭锁可靠	现场检查
6	绝缘护套	使用绝缘护套加强绝缘必须保证密封良好；负荷开关柜内导体采用的绝缘护套材料应为通过型式试验的合格产品	现场检查
7	绝缘隔板	柜内绝缘隔板应采用一次浇注成型产品，材质满足产品技术条件要求，且耐压和局放试验合格，带电体与绝缘板之间的最小空气间隙应满足下述要求： （1）对于带电体为 12kV 时，不应小于 30mm。 （2）对于带电体为 24kV 时，不应小于 50mm。 （3）对于带电体为 40.5kV 时，不应小于 60mm	现场检查

续表

序号	验收项目	验 收 标 准	检查方式
8	技术要求	(1) 负荷开关和接地开关分别有独立的操作孔，操作机构本体有可靠的机械联锁和明显的分合状态指示。接地功能可视性，确保人身安全。 (2) 负荷开关的操作机构为电动或手动操作。 (3) 主开关应带2个常开+2个常闭位置辅助接点，接地开关带1个常开+1个常闭位置辅助接点。 (4) 负荷开关柜的对外连接线应经过出线端子和标准接插件，接插件应带电可触摸，并具有全水密能力，出线端子的最小电气间隔和爬电距离应满足国家相关标准。 (5) 电流回路导线线径不小于2.5mm^2，电压回路和逻辑回路导线线径不小于1.5mm^2。 (6) 环网柜的进出连接线应通过硅橡胶电缆接插件连接，应具有全绝缘、全密封、免维护、拆装方便等性能特点。 (7) 对于内部故障，应满足下列要求： 环网柜应能防止因本身缺陷、异常或者误操作导致的内电弧伤及工作人员，能限制电弧的燃弧时间和燃烧时间。 除应有防止人为造成内部故障的措施外，还应考虑到由于柜内组件动作造成的故障（如负荷开关开断时产生或者排出气体）引起隔室内过电压及压力释放装置喷出气体，可能对人员和其他运行设备的影响的措施。 (8) 应设有专用的接地导线。该接地导体应设有与接地网相连的固定连接端子，并应有明显的接地标志。 (9) 每个进出线单元应装故障指示器，并应有短路和接地显示功能。 (10) 环网柜内熔丝井可现场拆卸、更换，应具备较好的可维护性	现场检查

第7章 电池储能站整体运行管理

本章主要对电池储能站整体的运行管理进行概述性说明，内容涵盖电池储能站的基本运行、事故与火灾处理、一次设备运行管理、二次设备运行管理、站内交直流系统运行管理、防误闭锁装置的运行管理、消防设施的运行管理及其他辅助设施的运行管理。

7.1 电池储能站的基本运行管理

7.1.1 电池储能站运行管理的基本原则

（1）电池储能站运行维护应坚持安全第一、预防为主的原则。监测设备的运行，及时发现和消除设备缺陷，预防运行过程中不安全现象和设备故障的发生，杜绝人身、电网和设备事故。

（2）新建、改（扩）建的电池储能站投入运行前应有设备试验报告、调试报告、交接验收报告及竣工图等，设备验收合格并经系统调试合格后方可投入运行。

（3）新、改（扩）建电池储能站投入运行前一周应有经过审批的《××电池储能站现场专用运行规程》。

（4）电池储能站运行和维护人员应经岗位培训且考试合格后方能上岗。应掌握电池储能站的一次设备、二次设备、直流设备、站用电系统、消防等设备性能及相关线路、电池系统情况。掌握各级调度管辖范围、调度术语和调度指令。

（5）电池储能站应根据储能应用需求，结合实际设备状况，合理确定电池储能站运行方式，调节设备运行参数，确保电池储能站的安全运行，提高电池储能站的经济效益。

7.1.2 电池储能站运行的一般规定

（1）电池储能站运行工作如下。

1）运行状态的监视、调节、巡视检查。

2）生产设备操作、参数调整。

3）生产运行记录。

4）数据备份、统计、分析和上报。

5）工作票、操作票、交接班、巡视检查、设备定期试验与轮换制度的执行。

6）储能站内生产设备的原始记录、图纸及资料管理。

7）储能站内房屋建筑、生活辅助设施的检查、维护和管理。

8）制定对策预防储能站安全事故。

（2）接受电网调度机构调度的储能站的运行控制模式分为调度控制和厂站控制，切换操作应执行电网调度机构指令。

（3）接受电网调度机构调度的储能站储能系统的并网、解列以及功率控制，应执行电网调度机构指令。

（4）接受电网调度机构调度的储能站因继电保护或安全自动装置动作导致储能站解列的情况，储能站不应自动并网，应通过调度机构许可后方可再并网。

（5）运行值班人员应严格按照《储能站运行规程》的规定进行相应的操作。

（6）应根据储能站安全运行需要，制定储能站各类突发事件应急预案。

（7）新建、改（扩）建的储能站投入运行前，应满足 Q/GDW 11220《电池储能站设备及系统交接试验规程》的要求。

（8）电网侧储能系统接入电力系统运行的应满足 NB/T 33015《电化学储能系统接入配电网技术规定》的要求。

（9）当生产设备在运行过程中发生异常或故障时，属于电网调度管辖范围的设备，运维人员应立即报告调度，在按照调度命令执行操作。

7.1.3 电池储能站的运行操作

1. 储能单元就地启动操作顺序

复位储能变流器所有故障信号，依次合入电池组串接触器或断路器、储能变流器直流侧刀闸和交流侧刀闸，确认变流器处于就地控制模式，按下储能变流器启动按钮，自动合入储能变流器直流侧和交流侧接触器，并启动储能变流器。

2. 储能单元就地停机操作顺序

确认储能变流器处于就地控制模式，按下储能变流器停止按钮，停止储能变流器，断开储能变流器交流侧和直流侧接触器。

3. 储能单元远程启动操作顺序

储能变流器为远程控制模式，储能单元所有故障复位，储能单元处于冷备状态，从储能分系统中的监控系统点击储能单元启动按钮，远程合入储能变流器交直流侧接触器，并启动储能单元并网。

4. 储能单元远程停机操作

储能变流器为远程控制模式，储能单元处于启动状态，从储能分系统中的监控系统点击储能单元停止按钮，停止储能变流器，远程断开储能变流器交直流侧接触器，并停止储能变流器。

5. 储能单元紧急停机操作

除储能单元因故障自动执行紧急停机过程外，运维人员如发现储能单元出现异常需要紧急停机时，应直接快速拍下储能变流器的急停按钮，储能变流器停止运行，断开储能变流器直流侧和交流侧接触器。

7.1.4　电池储能站的运行监视

（1）运维人员应通过监控系统监视储能站的运行状态，检查储能站的遥信、遥测量是否正常。

（2）定期从监控系统导出储能站的运行数据和故障记录，导出周期由现场规程规定。

（3）监视设备运行状态和参数的变化，及时发现异常和告警并正确处理。

（4）应定期检查火灾报警及灭火系统完好性。

7.1.5　电池储能站的运行记录

（1）运行数据包括有功功率、无功功率、有功电量、无功电量、站用电量及设备的运行状态等。

（2）运行记录包括运行日志、运行日月年报表、环境记录（温度、气压等）、缺陷记录、故障记录、设备定期试验记录等。

（3）其他记录还包括交接班记录、设备维护记录、巡视及特巡记录、工作票及操作票记录、安全工器具台账及试验记录等。

7.2　电池储能站事故及火灾处理

7.2.1　电池储能站事故处理

当值调度员是系统事故处理的指挥者，运维人员应按当值调度员的命令迅速正确地进行事故处理。当通信中断时，应按本规程有关条款和现场运行规程有关规定执行。

（1）事故处理的基本要求。

1）当发生事故时，储能站运维人员接到调控中心电话通知后，应立即派出人员赶赴（设备）现场检查，运维人员根据监控后台（测控屏）所跳断路器、所发信号（光字牌），以及主要保护动作情况，进行初步故障定性，简要汇报值班调度人员，并立即报告上级部门和相关领导。

2）经一、二次设备详细检查后，根据调度需要汇报下列情况（当事故影响到下一级电网时，也应及时向相应的调度汇报）：①跳闸的断路器编号、名称和跳闸时间。②保护和自动装置动作情况，故障录波装置动作情况，计数器动作情况。③电流、电压、潮流变化情况。④事故其他主要象征。⑤现场设备的检查情况。⑥若事故危及人身、设备的安全时，则先作紧急处理后再作汇报。

3）当处理故障时，运维人员可以不填写操作票，但应执行监护、复诵、核对、录音等制度，在恢复送电时应填写操作票。事故抢修、试验可以不用工作票，但应使用事故抢修单，且应履行工作许可手续。

4）事故处理应在调度的统一指挥下进行，如发生系统事故，本站又无断路器跳闸，运维人员应加强对设备的严密监视，做好事故蔓延的预想。

5）当事故发生时，运维人员应仔细注视负荷情况和各种信号指示。必须迅速正确处理事故，不应慌乱，以免扩大事故。在接到处理事故的指令，必须向发令者重复一次，若指令不清楚或对其不理解，应再问明白，同时应作好记录。

6）当事故发生时，运维人员应做好事故现象的详细记录，有些信号如不能及时记录，则应打记号，复归信号，应有两人在场。对事故原因不明的设备，现场尽可能保留不受破坏，以便分析事故发生的原因，及时将保护事故动作报告打印出来。

7）当运维人员自己无法处理损坏的设备及事故现场时，应通知检修人员来处理。检修人员未到前，应做好现场的安措准备工作（如隔离电源、装设接地线、工作地点设围栏等）。

8）对调度管辖设备的操作，应按值班调度员的命令执行。有规定无须等待调度命令者，应一面自行处理，一面将事故简明扼要地向值班调度员报告，待事故处理完毕后，再作详细汇报。

9）运维人员可以不等待调度指令自行进行以下紧急操作，同时应将事故与处理情况简明扼要地报告值班调度人员：①将直接威胁人身或设备安全的设备停电。②确知无来电可能时，将已损坏的设备隔离。③当站用电源部分或全部停电时，恢复其电源。④当交流电压回路断线或交流电流回路断线时，按规定将有关保护或自动装置停用，防止保护和自动装置误动。⑤单电源负荷线路断路器由于误碰跳闸，将跳闸断路器立即合上。⑥当确认电网频率、电压等参数达到自动装置整定动作值而断路器未动作时，立即手动断开应跳的断路器。⑦当母线失压时，将连接该母线上的断路器断开（除调度指令保留的断路器外）。⑧除自行管辖的站用变压器停电处理以外，以上事故紧急处理以后立即向调度汇报。

10）发生重大事故或有人员责任的事故，在事故处理结束后，运维人员应将事故处理的全过程的资料进行汇总，汇总资料应完整、准确、明了。编写出详细的现场事故报告，以便专业人员对事故进行分析。现场事故报告应包括以下内容：①发生事故的时间、事故前后的负荷情况等。②中央信号、表计指示、断路器跳闸情况和设备告警信息。③保护、自动装置动作情况。④保护的打印报告并对其进行分析。⑤故障录波器打印报告。⑥现场设备的检查情况。⑦事故的处理过程和时间顺序。⑧人员和设备存在的问题。⑨事故初步分析结论。

（2）电池储能站事故处理注意事项。

1）检查保护和自动装置提供的信息，便于准确分析和判断事故的范围和性质。

2）为准确分析事故原因和查找故障，在不影响事故处理和停送电的情况下，尽可能保留事故现场和故障设备的原状。

3）当发生越级跳闸事故时，要及时拉开保护拒动的断路器和拒分断路器的两侧隔离开关。

4）加强监视故障后线路、变压器的负荷状况，防止因故障致使负荷转移造成其他设备长期过负荷运行，及时联系调度消除过负荷。

5）事故时加强站用交、直流系统的巡视。

（3）电池储能站事故处理组织原则。

1）当班运维值长是现场事故、异常处理的负责人，应对汇报信息和事故操作处理的正确性负责。其他运维人员应坚守岗位，服从调度指挥。

2）事故发生在交接班期间，应由交班者负责处理事故，直到事故处理完毕或事故处理告一段落，方可交接班。接班人员可应交班者请求协助处理事故。交接班完毕后，交班人员亦可应接班者的请求协助处理事故。

3）当事故发生时，凡与处理事故无关的人员，禁止进入发生事故的地点，非直接参加处理事故的人员不得进入控制室，更不得占用通信电话。

（4）电池储能站事故处理一般流程。

1）第一次汇报：发生事故，运维人员接到调控中心电话通知后，应立即派出人员赶赴（设备）现场。运维人员到达现场后，应立即汇报调控中心，然后查看监控后台（测控屏）所跳断路器、所发信号，主要保护动作情况，进行初步故障定性。简要向调控中心和上级部门汇报，汇报主要内容包括跳闸时间（详细到分、秒）、故障设备（线路）双重名称、相关设备的潮流情况、启动（动作）的保护、跳闸断路器、是否重合成功等、现场天气情况。

2）现场详细检查并记录保护范围内所有一次设备、各类保护及自动装置动作情况，打印保护动作报告、故障录波报告。

3）恢复事故音响、解除闪光。

4）第二次汇报：根据监控后台光字、软报文、现场事故象征、故障录波和保护及自动化装置动作报告，综合进行分析判断故障范围、故障类型。将检查结果汇总后，汇报值班调度员、上级部门和相关领导，现场无法处理的故障应立即通知检修人员处理。

5）按照调度指令及现场运行规程，隔离故障点，对损坏的设备做好安全措施。

6）待检修工作开展。

7）检修工作结束汇报后，根据调度命令恢复送电。

8）事故处理完毕，应将事故详细记录，按规定报告相关单位及责任人。

7.2.2 电池储能站火灾的处理

（1）火灾处理流程。

1）当火灾事故发生时，运维值班负责人根据现场火情，汇报相应值班调度人员，并立即报告上级部门和相关领导。

2）若现场具备自行灭火条件现场其他人员听从运维值班负责人的统一安排参加灭火。

3）若无法进行自行灭火，应立即拨打消防报警电话报警。

（2）火灾处理注意事项。

1）当电气设备着火时，应立即切断有关设备电源，然后进行灭火。①当锂电池着火时，应使用七氟丙烷装置灭火。②当电气设备灭火时，应使用干式灭火器灭火，不得使用水和泡沫灭火器；③地面上绝缘油着火，可用干砂或泡沫灭火器灭火。④微机等精密仪器

设备应使用 CO_2 灭火器灭火。

2）电缆沟起火，除进行灭火外，应将着火区两端未堵死的防火墙完全堵死，防止火势蔓延。

3）火灾报警内容：①打火警电话。②着火单位。③地址。④行车路线。⑤着火部位：电池仓、PCS仓、配电仓、主控仓。⑥着火物质：锂电池（磷酸铁锂）；带电有毒设备（电缆夹层、沟、隧道）；带电精密仪器（保护室、计算机房）；一般建筑物、杂物等（特别要讲明电气设备不能用水）。⑦着火面积。⑧报告人及联系电话。

4）灭火器的适用范围：①柜式七氟丙烷灭火装置：以七氟丙烷作为灭火剂。七氧丙烷是一种以化学灭火为主，兼有物理灭火作用的洁净气体灭火剂；无色、无味、低毒、不导电、不污染被保护对象，不会对财物和精密设施造成损坏；能以较低的灭火浓度，可靠的扑灭石油及其产品、可燃气体和电气设备火灾。②二氧化碳灭火器：适用于扑救贵重设备、档案资料、仪器仪表、600V以下的电器及油脂等的火灾。③干粉灭火器：适用于扑救石油及其产品、可燃气体和电气设备的初起火灾。④设备必须在停电状态下并由当值值班人员在现场方能进行灭火，注意与带电设备保持足够的安全距离。⑤做好事故预想方案，防止发生重复性爆炸伤人，事故蔓延扩大。⑥储能变流器着火还应注意：应立即拉开各侧断路器、退出冷却电源，同时迅速汇报调度。如着火原因是绝缘油溢出在顶盖上引起燃烧，可打开下部放油阀门放油至适当油位即不再溢油为止，防止油位低于大盖，引起箱内起火。如变压器内部故障致使内部着火，则不能放油，以防空气进入形成爆炸性混合气体导致严重爆炸。⑦在电池舱、电缆沟、电缆竖井等部位灭火时，必须先戴好防毒面具。

（3）能设备着火事故处理。池舱、储能变流器、变压器着火时立即拉开高压侧断路器，迅速向119报警同其他灭火措施。

7.3 电池的运行管理

7.3.1 巡视与检查

（1）例行巡视检查项目及要求。

1）值班人员进入电池厂房或预制舱前，应事先进行通风。

2）电池厂房或预制舱温度、湿度应在电池运行范围内，照明设备完好，室内无异味。

3）暖气、空调、通风等温度调节设备运行正常。

4）设备运行编号标识、相序标识清晰可识别，出厂铭牌齐全、清晰可识别。

5）无异常振动和声响。

6）电池系统主回路、二次回路各连接处应连接可靠，不存在锈蚀、积灰等现象。

（2）全面巡视检查项目及要求。电池的全面巡视应在例行巡视基础上增加以下内容：

1）电池模组外观完好无破损、膨胀，不存在变形、漏液等现象。

2）检查电池架的接地应完好，接地扁铁无锈蚀松动现象。

（3）熄灯巡视检查项目及要求。每月进行一次熄灯巡视，检查电池有无发红发热现象。

（4）特殊巡视检查项目及要求。

1）事故后巡视项目和要求：①重点检查 EMS、监护系统保护与告警情况。②检查事故范围内的设备情况。

2）高温大负荷期间巡视项目和要求。高峰负载时，增加巡视次数，重点检查电池无发热。

3）新设备投入运行后巡视项目和要求：①新设备投运后进行特巡。②新设备或大修后投入运行重点检查有无异声。

4）熄灯巡视检查项目及要求。①新建、改扩建或 A、B 类检修后应在投运带负荷后 1 个月内（但至少在 24h 以后）进行一次红外测温。②检修前必须进行一次红外测温。

5）其他应加强特巡项目和要求。①保电期间适当增加巡视次数。②带有缺陷的设备，应着重检查异常现象和缺陷是否有所发展。

7.3.2 运行注意事项

（1）电池系统运行前应有完整的铭牌、明显的正负极标志、规范的运行编号和调度名称。

（2）储能电池放置的支架应无变形，金属支架、底座应可靠接地，连接良好，接地电阻合格。

（3）储能电池的主回路的电气连接应正确、牢固，散热/辅热装置运行正常。

（4）液流电池的电磁（动）阀转动应灵活、开度正常，循环泵、传感设备、换热设备应运行正常，应无电解液泄漏现象。

（5）储能电池应配备完备的保护功能。储能电池充放电运行前应确定相应的保护投入。

（6）储能电池应定期进行满充满放，测试可用容量。

7.3.3 检修后验收

储能站的新建、扩建、改建工程，以及检修后的一、二次设备和自动化、通信设备必须按照有关规程标准验收合格，方能投入系统运行。检修后的验收项目和要求：

（1）检修试验项目齐全，试验数据符合要求。

（2）现场清洁，设备上无临时短路接线及其他遗留物。

（3）设备铭牌应齐全，正确，清楚。

（4）电池及电池组。

1）电池的正、负极端子有明显标志，便于连接、巡视和检修；电池内部结构应符合厂家的设计和工艺要求。

2）电池壳体、外盖不得有变形、裂纹及污迹，标识清晰。

3）电池组应具备完整安装连接材料，并完成电池输出端的接线。

（5）电池架。

1）设备应为架式结构。为保证美观，每面架体尺寸高度、色调应统一，整体协调。

2）电池架表面采用静电喷涂，全部金属结构件都经过特殊防腐处理，以具备防腐、阻燃性能。

3）架内元器件安装及走线要求整齐可靠、布置合理，电器间绝缘应符合有关标准。

4）架内直流回路分布合理、清晰。

5）电池直流配电盘柜内应针对接入的电池架数量进行精心设计，拥有明显的断点器件，确保检修时能逐级断开系统。

6）直流正负导线应有不同色标。

7）母线、汇流排需加装绝缘热缩套管，无裸露铜排。

8）柜内元件位置编号、元件编号与图纸一致，并且所有可操作部件均有标识标明功能。

9）柜面的布置应整齐、简洁、美观。应有运行状态及运行参数的显示装置和主要的开关装置。

（6）进出线要求。宜采用下进下出的引线及连接线方式。

（7）电气元器件。设备使用的电气一、二次元器件应根据实际所用的回路使用交流或直流专用的产品。

（8）电池箱。

1）单体电池在电池箱内应可靠固定，固定装置不应影响电池组的正常工作，固定系统的设计应便于电池组的维护。

2）电池箱宽度公差≤±1mm，高度公差≤±0.5mm。

3）电池箱外部应设计便于维护操作。

4）电池箱正、负极端子有明显标志，便于连接、巡视和检修。

5）电池箱外壳应有阻燃设计。

6）电池箱裸露金属部件应采用静电喷涂或其他防腐处理。

7）电池箱整体防护等级不低于IP20。

8）供货的电池箱外盖不得有变形、裂纹及污迹，标识清晰。

7.3.4 异常及故障处理

（1）当储能电池发生过放电、过充电、短路等故障时，应停机检查。

（2）储能电池电压过低或过高，应通过均衡充电的方法进行处理，不允许长时间持续运行。

（3）储能电池出现异味、鼓肚等异常情况，应停机检查。

（4）当储能电池发生冒烟、起火、爆炸等异常情况时，应及时疏散周边人员，按应急预案立即采取相应措施，停机隔离，防止故障扩大并及时上报。

（5）当储能电池单体之间压差偏大时，需要联系检修人员进行维护充电，如果电池压差依然过大，联系厂家更换电池。

（6）当储能电池PACK温度过高时，需要停止充放电，恢复到正常温度方可继续充放电。当绝缘故障时，需要停止充放电进行检修处理。

（7）当储能电池单体内阻过大时，需要联系检修人员进行维护充电，如果电池压差依然过大，联系厂家更换电池。

（8）当储能电池容量差过大时，需要联系检修人员进行维护充电，如果电池压差依然过大，联系厂家更换电池。

（9）当储能电池短路时，需要联系厂家更换电池。

（10）当容量衰减过大时，需要联系厂家更换电池。

7.4　高压断路器

7.4.1　概述

高压断路器（或称高压开关）不仅可以切断或闭合高压电路中的空载电流和负荷电流，而且当系统发生故障时，通过保护装置的作用，切断过负荷电流和短路电流。高压断路器具有相当完善的灭弧结构和足够的断流能力。

高压断路器按其灭弧介质来划分，有真空断路器、六氟化硫断路器，其操作机构为弹簧式。

7.4.2　巡视与检查

（1）正常巡视检查项目及要求。

1）设备出厂铭牌齐全、清晰可识别，运行编号标识、相序标识清晰可识别。

2）无异常振动和声响。

3）分、合闸位置指示器与实际运行状态相符。

4）SF_6 值在正常范围内，机构储能正常。

（2）全面巡视检查项目及要求。断路器的全面巡视应在例行巡视基础上增加以下内容：

1）分、合闸线圈无异味、变色、冒烟现象。

2）断路器动作次数计数器和电机运转计数器指示正确。

3）控制电源，储能电源开关位置正确。

（3）熄灯巡视检查项目及要求。每周进行一次熄灯巡视，检查断路器有无发红发热现象。

（4）特殊巡视检查项目及要求。

1）事故后巡视项目和要求：①重点检查信号、保护、录波动作情况。②检查事故范围内的设备情况。

2）高温大负荷期间巡视项目和要求：增加巡视次数，重点检查断路器无发热。

3）新设备投入运行后巡视项目和要求：①新设备投运后进行特巡。②新设备或大修后投入运行重点检查有无异声。

4）熄灯巡视检查项目及要求：①月度进行一次红外测温，高温高负荷期间应增加测温次数，测温时使用作业卡。用红外热像仪检查运行中本体的发热情况及其部位，红外热像图显示应无异常温升、温差或相对温差。检测和分析方法参考 DL/T 664—2008。②新建、改扩建或 A、B 类检修后应在投运带负荷后 1 个月内（但至少在 24h 以后）进行一次红外测温。③检修前必须进行一次红外测温。

5）其他应加强特巡项目和要求：①保电期间适当增加巡视次数。②带有缺陷的设备，应着重检查异常现象和缺陷是否有所发展。

7.4.3 运行注意事项

（1）维护内容、要求及轮换试验周期。真空断路器投运后，每半年至一年或必要时，进行超声波局放检测。

（2）一般运行规定。

1）断路器的遮断容量应满足安装地点处母线最大短路电流的要求。

2）应断路器统计故障跳闸次数。断路器故障跳闸故障相计为 1 次。故障相应按保护装置和故障录波器故障报告确定。

3）断路器合闸后的检查：①当红灯亮时，机械指示应在合闸位置，综自后台机和测控装置断路器指示为红色与实际位置一致。②断路器送电时，应在综自后台机显示的电流值、功率值及相关计量表是否指示正确，三相电流基本平衡。③断路器合闸后，应检查综自后台机及测控装置位置指示与设备实际位置相符，无异常信号。④弹簧操动机构，在合闸后应检查弹簧是否储能。

4）断路器分闸后的检查。①当绿灯亮时，机械指示应在分闸位置，综自后台机和测控装置断路器指示为绿色与实际位置一致，无异常信号。②停电断路器综自后台机显示的电流值、功率值及相关计量表指示正确。

5）断路器设有远控和近控操作功能。正常运行中，应采用“远控”操作方式，只有在断路器不带电情况下方可进行“近控”操作。

6）操作前应检查断路器控制回路及操作机构正常、保护装置无异常、其出口回路已复归，即具备运行操作条件。开关合闸前，须检查保护已按规定投入。操作过程中应同时监视有关电压、电流、功率表计的指示及断路器变位情况。

7）当断路器合闸送电时，如因保护动作跳闸，应立即停止操作并向调度汇报，并进行现场检查，严禁不经检查再次合闸试送。

8）若断路器远近控切换开关切至“近控”位置时，切断了保护及自动装置的跳闸或合闸回路，则必须有“断路器在近控位置”和“控制回路断线”的告警信号。

9）长期停运的断路器在正式执行操作前，应通过远方控制方式进行试操作 2～3 次，无异常后方能按操作票拟定的方式操作。

（3）真空断路器运行规定。

1）在巡视检查时，若发现真空泡过热、变色等情况，应及时申请停电。

2）如发现真空泡带有“嗞嗞”声，可判断为真空泡损坏，此时应立即断开控制电源，禁止利用该断路器断开电源，而应断开上级断路器，将故障断路器退出运行。

（4）SF_6 断路器运行规定。

1）SF_6 气体在电弧的作用下，形成的 SF_6 分解产物是有毒的，当安装在室内的 SF_6 断路器进行跳闸后检查前应先打开大门，开启排风通风 15min 后才能进入。

2）断路器在投入运行后，必须加强维护，清扫污物，观察机构内运动部分和开关传动部分是否锈蚀，防止小动物进入做巢。断路器在运行中是否有异常情况，分、合闸指示位置是否符合断路器运行状态和在运动部位加润滑油等。

3）新装 SF_6 断路器投运前必须复测断路器本体内部气体的含水量和漏气率。有厂家规定的按厂家规定执行；一般灭弧室气室的含水量应小于 150mg/kg，其他气室的应小于 250mg/kg，断路器年漏气率小于 1%。

4）运行中的 SF_6 断路器应定期测量 SF_6 气体含水量，有厂家规定的按厂家规定执行；一般灭弧室气室的含水量应小于 300mg/kg，其他气室小于 500mg/kg。

（5）弹簧储能操作机构运行规定。

1）弹簧操作机构设有合闸弹簧，储能未到位时应将闭锁合闸。

2）断路器合闸操作后应检查弹簧储能完好。

7.4.4 检修后验收

电池储能站的新建、扩建、改建工程，以及检修后的一、二次设备和自动化、通信设备必须按照有关规程标准验收合格，方能投入系统运行。

（1）断路器检修后的验收项目及内容。

1）检修试验项目齐全，试验数据符合要求。

2）现场清洁，设备上无遗留物。

3）外表应清洁，无锈蚀现象，铭牌、编号齐全、完好。

4）断路器跳合正常，跳合位置的机械和电气指示正确，操作机构及连杆动作正确，无卡涩，各辅助接点无烧损、接触良好。

5）对监控后台及监控人员核对相关点表、光字及信号正确一致。

6）保护定值无误，断路器传动试验正确。

7）SF_6 气体压力表或密度表压力符合要求，密度继电器气体压力符合铭牌值，在正常范围内。

8）断路器除应进行外观检查外，进行分、合操作三次应无异常情况，且联锁闭锁正常。检查断路器最后状态在拉开状态。

（2）断路器验收特殊项目。弹簧机构断路器的验收如下。

1）分合闸脱扣装置动作灵活，复位准确迅速，扣合可靠。

2）弹簧机构储能接点按规定接通、断开。

3）储能电机储能正常，合闸后应能自动再次储能。

7.4.5 异常及故障处理

运维人员在运行中发现断路器有异常现象时，应根据现场实际分析判断。如果影响设备正常运行或是需要调度配合时，运维人员应立即汇报调度及上级部门和相关领导，并尽快将其消除；如不能尽快消除的，应采取隔离措施，通知检修人员处理。如设备存在缺陷，应登记缺陷，并及时报告上级部门和相关领导。相关记录记入 PMS2.0 系统。

(1) 断路器拒合异常处理。断路器拒合主要可以分为两方面原因：

1) 电气方面故障包括：①断路器合闸闭锁动作（弹簧未储能），信号未复归。②断路器操作控制箱内“远方/就地”切换把手切至就地位置。③控制回路断线。④合闸线圈及合闸回路继电器烧坏。⑤操作继电器故障。⑥控制手柄失灵。⑦控制开关触点接触不良。⑧断路器辅助触点接触不良。⑨直流接触器触点接触不良。

2) 机械方面故障包括：①传动机构连杆松动脱落。②合闸铁芯卡涩。③断路器分闸后机构未复归到预合位置。④跳闸机构脱扣。⑤合闸电磁铁动作电压太高，使一级合闸阀打不开。⑥弹簧操动机构合闸弹簧未储能。⑦分闸连杆未复位。⑧分闸锁钩未钩住或分闸四连杆机构调整未越过死点，不能保持合闸。⑨操动机构卡死，连接部分轴销脱落，使操动机构空合。⑩断路器合闸时多次连续合、分动作，断路器的辅助动断触点打开过早。

当断路器拒合异常时，需要如下处理方法：

1) 将拒动断路器再合一次，确认操作正确。

2) 检查电气回路是否有故障。

3) 检查控制电源快分开关是否合上，电源是否正常。

4) 检查控制回路是否有断线信号发出。

5) 将测控屏上断路器操作把手切至“合闸”位置时，听合闸继电器铁芯是否动作。

6) 经过以上检查，如果电气回路正常，断路器仍不能合闸，则说明机械方面故障。

7) 如果运维人员无法处理该断路器故障，应该汇报调度，将断路器转检修，通知检修人员立即处理。

(2) 断路器拒分异常处理。断路器拒分主要可以分为两方面原因：

1) 电气方面故障包括：①断路器分闸闭锁动作（弹簧未储能），信号未复归。②断路器操作控制箱内“远方/就地”切换把手切至就地位置。③控制回路断线。④分闸线圈及分闸回路继电器烧坏。⑤操作继电器故障。⑥控制手柄失灵。⑦控制开关触点接触不良。⑧断路器辅助触点接触不良。⑨直流接触器触点接触不良。

2) 机械方面故障包括：①跳闸铁芯卡涩或脱落。②跳闸弹簧失灵。③分闸阀卡死。④触头发生焊接或机械卡涩。⑤传动部分异常（如销子脱落）。

当断路器拒分异常时，需要如下处理方法：

1) 将拒分断路器再分一次，确认操作正确。

2) 检查控制电源开关是否合上，电源是否正常。

3) 检查控制回路是否有断线信号发出。

4）将开关柜上断路器操作把手切至“分闸”位置时，听分闸继电器铁芯是否动作。

5）经过以上检查，如果电气回路正常，断路器仍不能分闸，则说明机械方面故障。

6）如果运维人员无法处理该断路器故障，应该汇报调度，将断路器转检修，通知检修人员立即处理。

（3）断路器操动机构压力异常处理。断路器弹簧机构操动未储能异常处理如下：

1）弹簧储能操动机构的断路器在运行中，当发出弹簧机构未储能信号时，运维人员应立即赶赴现场。

2）检查交流回路及电动机是否有故障，当电动机有故障时，应用手动将弹簧储能。

3）交流电动机无故障而且弹簧已储能，应检查二次回路是否误发信号。

4）如果是由于弹簧有故障不能恢复，应汇报调度，申请停电进行处理。

（4）断路器 SF_6 气体压力异常处理。SF_6 气压降到一定值时，将发出告警信号；若严重漏气，气压值降到操作闭锁值时，将闭锁断路器分合闸回路。

1）断路器 SF_6 气体压力降低的主要原因：①自封阀处固定不紧或有杂物。②压力表特别是接头处密封垫损伤。

2）断路器 SF_6 气体压力降低处理：①运行中 SF_6 气压泄漏，发出告警信号，当未降到闭锁操作压力值时，在保证安全的情况下，可以用合格的 SF_6 气体进行补气处理。②运行中当 SF_6 气压值降到闭锁操作压力值或者直接降至零值时，应立即拉开断路器操作电源，将断路器转为死开关，应立即汇报调度，根据调度命令将故障断路器隔离，停电检修。

（5）断路器分合闸线圈冒烟。合闸操作或保护自动装置动作后，出现分合闸线圈严重过热或冒烟，可能是分合闸线圈长时间带电所造成的。应立即断开直流电源，以防分、合闸线圈烧坏。

1）断路器合闸线圈烧毁原因：①合闸接触器本身卡涩或触点粘连。②操作把手的合闸触点断不开。③防跳跃闭锁继电器失灵。④断路器辅助触点打不开。

2）断路器分闸线圈烧毁原因：①分闸线圈内部匝间短路。②断路器跳闸后，机械辅助触点打不开，使分闸线圈长时间带电。

（6）断路器偷跳异常处理。

1）断路器偷跳异常现象分析。断路器“偷跳”是指一次系统中未发生故障，因为人为原因或保护装置、操动机构异常导致的断路器跳闸。主要现象包括：①断路器跳闸无系统故障特征。②无保护动作信号。③无故障录波启动。

2）断路器偷跳异常原因：①人为误动、误碰有关二次元件，误碰设备某些部件等。②在保护或二次回路上工作，防误安全措施不完善、不可靠导致断路器误跳闸。③操动机构自行脱扣或机构故障导致断路器误跳闸。

3）断路器偷跳异常处理：①若属人为误动、误碰造成断路器三相跳闸，则应投入同期装置，实现检同期合闸，若无同期装置，确认无非同期并列的可能时，方可合闸。②若属于二次回路上有人工作造成的，应立即停止二次回路上的工作，恢复送电，并认真检查防误安全措施，在确认做好安全措施后，才能继续二次回路上的工作。③若属于操动机构自动脱扣或机构其他异常所致，应检查保护是否动作（此时保护应无动作），可能为机构故障，应立即汇报调度，根据调度命令将故障断路器隔离，停电检修。

7.5 电压互感器

7.5.1 巡视与检查

（1）正常巡视检查项目及要求。树脂浇注互感器的要求如下：

1）设备出厂铭牌齐全、清晰可识别，运行编号标识、相序标识清晰可识别。

2）设备外观完整，表面清洁，各部连接牢固。

3）无异常震动、异常声音及异味。

4）互感器无过热，无异常振动及声响。

5）互感器无受潮，外露铁心无锈蚀。

6）外绝缘表面无积灰、粉蚀、开裂，无放电现象。

（2）全面巡视检查项目及要求。在例行巡视项目内容基础上增加的内容为：如红外热像仪检测有发热现象，应详细观察，查明原因。

（3）熄灯巡视检查项目及要求。检查电压互感器应无发热现象、发红迹象。

（4）特殊巡视检查项目及要求。

1）事故后巡视项目和要求：①重点检查信号、保护、录波动作情况。②检查事故范围内的设备情况。

2）新设备或大修后投入运行后巡视项目和要求：①新设备投运后进行特巡。②新设备或大修后投入运行重点检查有无异声、发热等。

3）红外特巡项目和要求：①每月需进行一次红外测温，在高温高负荷期间，应增加测温次数，测温时使用作业卡。用红外热像仪检查运行中本体的发热情况及其部位，红外热像图显示应无异常温升、温差或相对温差。检测和分析方法参考 DL/T 664—2008。②新建、改扩建或 A、B 类检修后应在投运带负荷后 1 个月内（但至少在 24h 以后）进行一次红外测温。③检修前必须进行一次红外测温。

4）其他应加强特巡项目和要求：①保电期间适当增加巡视次数。②带有缺陷的设备，应着重检查异常现象和缺陷是否有所发展。

7.5.2 运行注意事项

（1）电压互感器的各个二次绕组（包括备用）均必须有可靠的保护接地，且只允许有一个接地点。接地点的布置应满足有关二次回路设计的规定。

（2）互感器应有明显的接地符号标志，接地端子应与设备底座可靠连接，并从底座接地螺栓用两根接地引下线与地网不同点可靠连接。

（3）互感器二次绕组所接负荷应在准确等级所规定的负荷范围内。

(4) 电压互感器二次侧严禁短路。

(5) 电压互感器允许在 1.2 倍额定电压下连续运行，中性点有效接地系统中的互感器，允许在 1.5 倍额定电压下运行 30s，中性点非有效接地系统中的电压互感器，在系统无自动切除对地故障保护时，允许在 1.9 倍额定电压下运行 8h。

(6) 电磁式电压互感器一次绕组 N（X）端必须可靠接地。

(7) 中性点非有效接地系统中，作单相接地监视用的电压互感器，一次中性点应接地，为防止谐振过电压，应在一次中性点或二次回路装设消谐装置。

(8) 树脂浇注互感器外绝缘应有满足使用环境条件的爬电距离，并通过凝露试验。

(9) 应及时处理或更换已确认存在严重缺陷的互感器。对怀疑存在缺陷的互感器，应缩短试验周期并进行跟踪检查和分析查明原因。对绝缘状况有怀疑的互感器应运回试验室进行全面的电气绝缘性能试验，包括局部放电试验。

(10) 当互感器出现异常响声时应退出运行。当电压互感器二次电压异常时，应迅速查明原因并及时处理。

(11) 电压互感器一般操作规定：①停用前先退出因失压而可能误动的保护和自动装置[距离保护、高频保护、低电压保护、母差保护（视情况而定）等]。②当电压互感器停电检修时，应将二次保险取下或断开其二次快分开关，防止反充电。③电压互感器投退顺序为，退出时先退出二次保险或快分开关，后拉一次侧隔离开关，投入时顺序相反。④拉合电压互感器一次侧隔离开关或小车拉至试验位置后，应检查相应二次回路是否指示到位（励磁）。⑤投入电压互感器二次保险或快分开关后，应检查电压表计指示正确。

7.5.3 检修后验收

储能站的新建、扩建、改建工程，以及检修后的一、二次设备和自动化、通信设备必须按照有关规程标准验收合格，方能投入系统运行。检修后的验收项目及内容：

(1) 检修试验项目齐全，试验数据符合要求。

(2) 现场清洁，设备上无遗留物。

(3) 设备铭牌应齐全，正确，清楚。

(4) 一、二次接线端子应连接牢固，接触良好。

(5) 极性关系正确，电压比符合运行要求。

(6) 三相相序标志正确，接线端子标志清晰，运行编号完备。

(7) 电压互感器需要接地各部位应接地良好。

(8) 金属部件油漆完整，整体擦洗干净。

(9) 预防事故措施符合相关要求。试验项目齐全，试验结果符合标准。

7.5.4 异常及故障处理

运维人员在运行中发现电压互感器有异常现象时，应初步分析异常现象的原因，再根据现场实际综合判断。如果影响设备正常运行或是需要调度配合时，运维人员应立即汇报调度及上级部门和相关领导，并尽快将其消除；如不能尽快消除的，应采取隔离措施，通知检修人员处理。如设备存在缺陷，应登记缺陷，并及时报告上级部门和相关领导。相关记录记入PMS2.0系统。未找出故障原因之前，在检查处理中应做好安全措施，保证人身安全。

（1）电压互感器故障异常一般规定。电压互感器有下列情况之一者，应立即停用：

1）经红外测温检查发现内部有过热现象。

2）电压互感器内部有异常响声、异味、冒烟或着火。

3）电压互感器高压保险连续熔断两次。

4）树脂浇注互感器出现表面严重裂纹、放电。

（2）电压互感器电压异常。

1）电压互感器电压异常降低现象、原因及处理。电压互感器电压异常降低主要现象及原因是二次电压明显降低。电压互感器电压异常降低的处理：①当二次电压降低但不为零，完好相电压不变时，运维人员应量取TV二次快分开关（保险）上、下桩头电压，若上桩头电压异常，可判断为一次保险熔断、电磁单元故障损坏造成，应立即汇报调度，将电压互感器退出运行，并联系检修人员检查处理；若上、下桩头间存在压差，可试合一次二次快分开关，仍无法恢复，需更换空气开关或保险；若下桩头电压正常，则可判断为二次回路有松动，申请退出可能造成误动的保护，应逐级检查二次回路故障点，对于无法恢复的，应立即联系检修人员检查处理。②当二次电压降低为零，完好相电压不变时，可判断为二次保险熔断或快分跳开、二次连接不良造成。运维人员应立即汇报调度，将可能造成误动的保护退出运行，并检查二次快分开关是否跳开，检查相应电压回路接线是否松动，并设法恢复（TV快分开关跳开，可试合一次）；如无法恢复，应立即联系检修人员检查处理。③当一相电压降低或为零，另两相电压升高或升高为线电压时，此现象为中性点不接地系统中单相接地故障的表现，运维人员应立即检查现场有无接地、TV有无异常声响，并立即汇报调度，并采取措施将其消除或隔离故障点。

2）电压互感器电压异常升高主要现象、原因及处理。

a. 电压互感器电压异常升高主要现象、原因：电压异常升高，引起的主要原因可能为互感器某相二次回路绝缘损坏、绕组断线。

b. 电压互感器电压异常升高的处理：在这种情况下，运维人员应到TV处检查有无异常声响并到端子箱处量取相应故障TV二次电压，结合现场情况可判断为TV内部故障或二次接线故障的，应立即汇报调度，将电压互感器退出运行，并联系检修人员检查处理。

3）电压互感器电压波动现象、原因及处理。

a. 电压互感器电压异常波动主要原因：二次连接松动。

b. 电压互感器电压异常波动的处理：运维人员应立即到现场检查，排除异常现象是否由于二次回路故障造成，若为二次回路故障，应采取措施消除，若无法消除，应汇报调度，将电压互感器退出运行，并联系检修人员检查处理。

（3）电压互感器本体或引线端子发热。

1）电压互感器电本体发热主要原因：高压熔断器不熔断情况下，电压互感器内部匝间、层间短路或接地，严重时可能会冒烟起火。

2）电压互感器本体及端子发热的处理：电压互感器本体发热整体温升偏高，或三相之间温差超过 2～3K，属于危急缺陷，应该汇报调度，申请将电压互感器退出运行，并通知检修人员检查处理。

（4）电压互感器声音异常。

1）电压互感器电声音异常主要现象及原因：内部短路、放电、接地、夹紧螺栓松动等，本体会发出“噼啪”的响声或其他噪声。

2）电压互感器电声音异常的处理：电压互感器内部有异音或放电声，属于严重故障，应立即汇报调度，将电压互感器停运，并联系检修人员检查处理。

（5）电压互感器着火。当电压互感器着火时，应立即将电压互感器退出运行，并汇报调度，同时报告上级部门和相关领导。现场负责人组织灭火，现场无法处置的火灾情况，应该立即拨打火灾报警电话 119，参照火灾事故处理流程处理。

7.6 电流互感器

7.6.1 巡视与检查

一般储能站的电流互感器绝缘介质为浇注式，安装方式为套管式，原理为电磁式。

（1）正常巡视检查项目及要求。

1）设备出厂铭牌齐全、清晰可识别，运行编号标识、相序标识清晰可识别。

2）设备外观完整，表面清洁，各部连接牢固。

3）无异常震动、异常声音及异味。

4）无过热，无异常振动及声响。

5）无受潮，外露铁心无锈蚀。

6）外绝缘表面无积灰、粉蚀、开裂，无放电现象。

（2）全面巡视检查项目及要求。在例行巡视项目内容基础上增加的内容为：如红外热像仪检测有发热现象，应详细观察，查明原因。

（3）熄灯巡视检查项目及要求。检查电流互感器无发热现象、发红迹象。

（4）特殊巡视检查项目及要求。

1）事故后巡视项目和要求：①重点检查信号、保护、录波动作情况。②检查事故范围内的设备情况。

2）新设备或大修后投入运行后巡视项目和要求：①新设备投运后进行特巡。②新设备或大修后投入运行重点检查有无异声、发热等。

3）红外特巡项目和要求：①月度进行一次红外测温，高温高负荷期间应增加测温次数，测温时使用作业卡。用红外热像仪检查运行中本体的发热情况及其部位，红外热像图显示应无异常温升、温差或相对温差。检测和分析方法参考 DL/T 664—2008。②新建、改扩建或A、B类检修后应在投运带负荷后1个月内（但至少在24h以后）进行一次红外测温。③检修前必须进行一次红外测温。

4）其他应加强特巡项目和要求：①保电期间适当增加巡视次数。②带有缺陷的设备，应着重检查异常现象和缺陷是否有所发展。

7.6.2 运行注意事项

（1）电流互感器二次侧严禁开路（严禁用保险丝短接电流互感器二次回路），不得过负荷运行。

（2）运行中的电流互感器二次侧只允许有一个接地点，一般在保护屏上。备用的二次绕组也应短接接地。

（3）电流互感器允许在设备最高电流下和额定连续热电流下长期运行。

（4）三相电流互感器一相在运行中损坏，更换时要选用电流等级、电流比、二次绕组、二次额定输出、准确级、准确限值系数等技术参数相同，保护绕组伏安特性无明显差别的电流互感器，并进行试验合格，以满足运行要求。

（5）电流互感器的一次端子所受的机械力不应超过制造厂规定的允许值，其电气连接应接触良好，防止产生过热故障及电位悬浮。电流互感器的二次引线端子应有防转动措施，防止外部操作造成内部引线扭断。

（6）停运中的电流互感器投入运行后，应立即检查表计指示情况和电流互感器本身有无异音等异常现象。

7.6.3 检修后验收

电池储能站的新建、扩建、改建工程，以及检修后的一、二次设备和自动化、通信设备必须按照有关规程标准验收合格，方能投入系统运行。检修后的验收项目及内容如下：

（1）检修试验项目齐全，试验数据符合要求。

（2）现场清洁，设备上无临时短路接线及其他遗留物。

（3）设备铭牌应齐全，正确，清楚。

（4）一、二次接线端子应连接牢固，接触良好。

（5）极性关系正确，电流比符合运行要求。

（6）三相相序标志正确，接线端子标志清晰，运行编号完备。

（7）电流互感器需要接地各部位应接地良好。

（8）金属部件油漆完整，整体擦洗干净。

（9）端子箱密封良好，二次接线排列整齐，接头应紧固、无松动，编号清楚。

7.6.4 异常及故障处理

当运维人员在运行中发现电流互感器有异常现象时，初步分析异常现象的原因，再根据现场实际综合判断。如果影响设备正常运行或是需要调度配合时，运维人员应立即汇报调度及上级部门和相关领导，并尽快将其消除；如不能尽快消除的，应采取隔离措施，通知检修人员处理。如设备存在缺陷，应登记缺陷，并及时报告上级部门和相关领导。相关记录记入 PMS2.0 系统。

(1) 电流互感器出现下列情况应立即申请停电处理。

1) 内部有严重放电声和异常声响。

2) 电流互感器爆炸、着火。

3) 树脂浇注电流互感器出现表面严重裂纹、放电。

4) 经红外测温检查发现内部有过热现象。

(2) 电流互感器二次回路开路、末屏开路异常。

1) 电流互感器二次回路开路现象、原因：①电流互感器二次回路开路时，互感器本体会发出“嗡嗡”声响或伴有严重发热、异味、冒烟现象，开路处有放电火花。②监控后台显示电流、有功、无功遥信值降低或无指示可能为测量回路开路。③保护装置“告警”“TA 断线”，由零、负序电流启动的保护频繁启动可能为保护回路开路。

2) 电流互感器二次回路开路处理：①立即汇报调度，将可能造成误动的保护停用并尽量减小一次负荷电流。②若开路处明显，应立即设法将开路处进行连通或在开路前端子处做短接处理，短接时不许使用保险丝；当无法进行短接时，则应汇报调度，申请停电处理，为保证人身安全起见，最好的方法是停电处理。③若开路处不明显，可根据下列顺序查找：根据图纸分别检查故障保护柜（测控柜、计量柜）及端子箱有无开路，通过表面检查不能发现时，可以分别测量电流二次回路开路相对地电压，判断开路在什么位置后进行检查。当判断是电流互感器二次出线端开路，不能进行短路处理时，应汇报调度，申请停电处理。④由于电流互感器二次回路开路处会产生较高电压，危及设备及人身安全，因此进行电流互感器二次回路开路异常检查处理时，首先应做好安全防护措施并时刻注意安全，应穿绝缘靴，戴绝缘手套，使用绝缘良好的工具。如果对电流二次开路的处理，不能保证人身安全，应立即报告调度值班员，请求尽快停电处理。

(3) 电流互感器声音异常处理。

1) 电流互感器声音异常主要现象及原因：二次开路，因磁饱和及磁通的非正弦性，发出较大的噪声。

2) 电流互感器声音异常的处理：①电压互感器内部有异常声响，应该先判断异常是否为二次回路开路造成，属于二次回路开路的应按照二次回路开路进行处理。②若判断不属于二次回路开路故障，而是本体故障且异常声响较大的，应汇报调度，立即将电流互感器停运，并联系检修人员检查处理；若异常声音较轻，不需立即停电检修的，应加强监视，同时汇报调度及上级领导，安排停电处理。

(4) 本体或引线端子严重过热。

1) 电流互感器本体或引线端子严重过热现象及原因：①负载过大。②一次侧接线接触不良。③内部故障。④二次回路开路等。

2) 电流互感器本体或引线端子严重过热处理。电流互感器本体或引线端子有严重过热，应汇报调度，立即将电流互感器退出运行，并通知检修人员立即进行处理。若仅是连接部位接触不良，未伤及固体绝缘的，应加强监视，按缺陷处理流程进行，并通知检修人员立即进行处理。

7.7 开 关 柜

高压开关柜是指用于电力系统发电、输电、配电、电能转换和消耗中起通断、控制和保护等作用的设备。按断路器安装方式分为移开式（手车式）和固定式。移开式或手车式表示柜内的主要电器元件是安装在可抽出的手车上的，由于手车柜有很好的互换性，因此可以大大提高供电的可靠性。常用的手车类型有：隔离手车、计量手车、断路器手车、TV手车、电容器手车和所用变手车等。固定式表示柜内所有的电器元件均为固定式安装的，固定式开关柜较为简单经济。

7.7.1 巡视与检查

（1）例行巡视检查项目及要求。

1）设备出厂铭牌齐全、清晰可识别，运行编号标识、相序标识清晰可识别。

2）开关柜屏上指示灯、带电显示器指示应正常，操作方式选择开关、机械操作把手投切位置应正确，控制电源及电压回路电源分、合闸指示正确。

3）分、合闸位置指示器与实际运行方式相符。

4）屏面表计、继电器工作应正常，无异声、异味及过热现象，操作方式切换开关正常在“远控”位置。

5）柜内照明正常，通过观察窗观察柜内设备应正常，绝缘应完好，无破损。

6）柜内应无放电声、异味和不均匀的机械噪声，柜体温升正常。

7）压力释放装置有无异常，其释放出口有无障碍物。

8）柜体、母线槽应无过热、无变形、无下沉现象，各封闭板螺栓应齐全，无松动、锈蚀，接地应牢固，封闭性能及防小动物设施应完好。

（2）全面巡视检查项目及要求。开关柜的全面巡视应在例行巡视基础上增加以下内容：

1）控制箱、机构箱门应关严，无受潮，凝露现象，驱潮装置完好，电缆孔洞封堵完好，温控装置工作正常，加热器按季节和要求正确投退。

2）箱内各快分开关、操作把手、电缆槽板、电缆吊牌均应清洁，箱内接线无松动、破损、裂纹、积灰现象，无裸露铜线，箱内照明完好。

3）开关柜基础完好，无开裂，塌陷等情况。

4）开关柜接地可靠，接地引下线、接地扁铁无锈蚀松动现象。

（3）熄灯巡视检查项目及要求。检查开关柜引线、接头无放电、发红迹象，检查瓷套管无闪络、放电。

（4）特殊巡视检查项目及要求。

1）事故后巡视项目和要求：①重点检查信号、保护动作情况。②检查事故范围内的设备情况，开关柜内各个元件无异常。

2）高温大负荷期间巡视项目和要求：用红外热像仪检查开关柜电缆、接头无发热情况，观察瓷套管无闪络放电痕迹。

3）新设备或大修后投入运行后巡视项目和要求：①新设备投运后进行特巡。②新设备或大修后投入运行，需要重点检查有无异声、触头是否发热、发红、打火等现象。

4）红外测温特巡项目和要求：①月度进行一次红外测温，高温高负荷期间应增加测温次数，测温时使用作业卡。用红外热像仪检查运行中开关柜引线、接头发热情况及其部位，红外热像图显示应无异常温升、温差或相对温差。检测和分析方法参考 DL/T 664—2008。用红外热像仪检查开关柜内电流互感器、电压互感器二次回路端子，二次快分开关、电源回路空开、熔断器、温湿度控制器等其他元器件温度无过热，比较相关回路温度是否有明显差别，尤其注意电流回路接触不良的问题。②新建、改扩建或 A、B 类检修后应在投运带负荷后 1 个月内（但至少在 24h 以后）进行一次红外测温。③检修前必须进行一次红外测温。③其他应加强特巡项目和要求：①保电期间适当增加巡视次数。②带有缺陷的设备，应着重检查异常现象和缺陷是否有所发展。

7.7.2 运行注意事项

（1）维护内容、要求及轮换试验周期。投运后、每半年及必要时进行一次超声波局放测试，工作时使用作业卡。

（2）一般运行规定。

1）对于高压开关柜内隔离开关接触不良及接地开关对地空气间隙偏小等隐患，应进行全面清查。

2）高温、高负荷时期应加强开展开关柜温度检测，对温度异常的开关柜应强化监测、分析和处理，防止导电回路过热引发的柜内短路故障，若温度过高应采取散热及通风措施。由于保护元件分散、分布在开关柜上，开关室长期运行温度不得超过 50℃，否则应采取加强通风降温措施（开启开关室通风设施）。

3）对于高压开关柜存在误入带电区域，在可能的部位及后上柜门打开的母线室外壳上，应粘贴醒目的警示标志，如 TV 后柜门应粘贴“必须母线停电后方可打开”等。

4）充分利用红外测温、超声波、超高频、暂态地电压测试等带电检测手段对开关柜进行检测，及早发现和消除开关柜内过热、局部放电等缺陷，防止由开关柜内部局部放电演变成短路故障。

5）重视高压开关柜所配防误操作装置的可靠性检查，应充分利用停电时间检查手车与接地开关、隔离开关与接地开关的机械闭锁装置。加强带电显示闭锁装置的运行维护，保证其与柜门间强制闭锁的运行可靠性。防误操作闭锁装置或带电显示装置失灵应作为严重缺陷尽快予以消除。

6）加强高压开关柜巡视检查和状态评估，对用于投切电容器组等操作频繁的开关柜要适当缩短巡检和维护周期。当无功补偿装置容量增大时，应进行断路器容性电流开合能力校核试验。

7）运行环境较差的10kV开关室应加强房间密封，在柜内装加热驱潮装置并采取安装空调或工业除湿机等措施，空调的出风口不应直接对着开关柜柜体，避免制冷模式下造成柜体凝露导致绝缘事故；在高寒地区，应选用满足低温运行的断路器和二次装置，否则应在开关室内配置有效的采暖或加热设施，防止凝露导致绝缘事故。

8）高压开关柜在安装后应对其一、二次电缆进线处采取有效封堵措施。为防止开关柜火灾蔓延，在开关柜的柜间、母线室之间及与本柜其他功能隔室之间应采取有效的封堵隔离措施。

9）对长期存在中性点不平衡电压或线路容性电流较大的系统，应装设具备自动跟踪调谐功能的消弧线圈，例行试验中应开展消弧线圈控制装置的检查和试验，巡视中应加强对回路接线、设备外观的检查，保证其可靠运行。

10）高压开关柜应采用验电小车进行验电，新安装开关不加装验电窗。

11）针对封闭式高压开关柜，运维人员必须在完成高压开关柜内所有可触及部位的验电、接地后，方可进入柜内实施检修维护作业。对进出线电缆插头和避雷器引线接头等易疏忽部位，应作为验电重点全部验电，确保检修人员可触及部位全部停电。

12）手车开关每次推入柜内后，应保证手车到位和隔离插头接触良好。

13）运行开关柜禁止进行断路器就地操作，应采用远方或遥控操作。

14）高压开关柜内断路器小车拉出后，触头盒活门禁止开启，并在活门前设置“止步，高压危险！”标示牌，标示牌应采用绝缘材质，其大小应能同时遮挡上、下触头盒活门。

15）高压配电室应保持通风，室内相对湿度保持在70%以下，除湿机应定期排水，防止发生柜内凝露现象，且空调切换至除湿模式。

16）开关柜内加热器应一直处于运行状态，以免开关柜内元件表面凝露，影响绝缘性能，导致沿面闪络。

17）对避雷器与母线直接连接等存在一次接线安全隐患的开关柜，如果具备改造条件，应首先改变接线方式，保证手车抽出或隔离开关分闸后，避雷器、电压互感器和熔断器等均不带电。

18）对由于结构原因无法进行一次接线改造的开关柜，应制订计划，逐步安排整体更换。在隐患消除前，应在存在安全隐患的隔室柜门上装设醒目的警示标识。母线带电情况下，严禁从事避雷器隔室内的检修工作。

19）对未设置和安装压力释放通道或虽安装但不能达到泄压要求的开关柜，应与制造厂配合，按照技术条件要求，采取设置压力释放装置，将泄压通道顶盖板金属螺栓更换为防爆螺栓（尼龙螺栓等），加固前后门等手段进行改造。对不具备改造条件的设备，应安排整体更换。

20）对相间或相对地空气绝缘净距不满足125mm（12kV）和300mm（40.5kV）的高压开关柜，应采取导体加装绝缘护套的包封措施。所用绝缘护套材料必须通过老化试验，且应与所配开关柜使用寿命保持一致。绝缘包封改造应满足防潮、抗老化要求，包封后的设备通流能力和散热效果应满足运行要求。

21）应全面核实开关柜面板上的一次电气接线图，使其与柜内实际一次接线保持一致，对不一致的应立即纠正。

7.7.3 检修后验收

电池储能站的新建、扩建、改建工程，以及检修后的一、二次设备和自动化、通信设备必须按照有关规程标准验收合格，方能投入系统运行。检修后的验收项目及内容如下：

（1）检修试验项目齐全，试验数据符合要求。

（2）现场清洁，设备上无临时短路接线及其他遗留物。

（3）设备铭牌应齐全、正确、清楚。

（4）柜体接地验收内容：①底架与基础连接牢固、导通良好。②可开启屏门的接地软导线可靠接地。

（5）开关柜机械部件检查。

1）柜面检查平整、齐全。

2）柜内照明装置齐全。

3）门销开闭灵活。

4）手车推拉试验的手车应能在工作、试验位置，不摆动、无卡阻现象。

5）电气“五防”装置齐全、动作灵活可靠。

6）安全隔离板应开启灵活，随手车的进出而相应动作。

（6）开关柜电气部件检查。

1）活动接地装置的连接导通良好，通断顺序正确。

2）电气联锁触点接触紧密，导通良好。

3）二次拔插完好、安装灵活。

4）带电显示装置正确显示、验电正常。

5）动静触头中心应一致，触头接触紧密。

6）辅助开关切换应动作准确，接触可靠。

7）接地触头应接触紧密。

8）盘柜内部元件应齐全完好，位置正确，牢固。

9）所有接线螺丝应紧固。

10）照明装置应齐全。

11）加热器投入正常。

（7）开关柜操作部件检查。

1）储能电动机工作正常，能正确计数。

2）断路器动作计数器正常。

3）储能状态指示器正确。

4）手动储能操作灵活，储能正常。

5）各操作联动试验盘柜上各部状态指示正确。

（8）断路器（小车）除进行外观检查外，进行分、合操作三次应无异常情况，且连锁闭锁正常。检查断路器（小车）最后状态在拉开状态。

7.7.4 异常及故障处理

运维人员在运行中发现开关柜有异常现象时，应根据现场实际分析判断。如果影响设备正常运行或是需要调度配合时，运维人员应立即汇报调度及上级部门和相关领导，并尽快将其消除；如不能尽快消除的，应采取隔离措施，通知检修人员处理。如设备存在缺陷，应登记缺陷，并及时报告上级部门和相关领导。相关记录记入 PMS2.0 系统。

（1）开关柜手车（小车）操作卡涩异常处理。手车（小车）操作卡涩的异常情况首先应检查断路器位置是否在分闸位置，相关的机械五防部件均在相应的正确位置，检查导轨等传动部件有无明显的变形，否则应通知检修专业人员立即进行修理。

（2）开关柜小车断路器拒动或误动异常处理。

1）小车断路器拒动或误动异常原因分析。断路器拒动或误动是高压开关柜最主要的故障，其原因可分为两类。一类是因操动机构及传动系统的机械故障造成，具体表现为机构卡涩，部件变形、位移或损坏，分、合闸铁芯松动、卡涩，轴销松断，脱扣失灵等；另一类是因电气控制和辅助回路造成，表现为二次接线接触不良、端子松动、接线错误，分、合闸线圈因机构卡涩或转换开关不良而烧损，辅助开关切换不灵，以及操作电源、合闸接触器、微动开关等故障。

2）小车断路器拒动（拒分、拒合）的异常情况处理。应先检查控制回路电源是否正常，手车（小车）是否操作到位，相关控制开关、软/硬压板是否正确切换，对于拒合情况检查储能是否正常，检查操动机构有无明显异常，否则应通知检修人员立即进行修理或更换相关控制部件。

（3）断路器储能异常处理。应先检查储能回路电源是否正常，手车（小车）是否操作到位，检查操动机构有无明显异常，否则应通知检修人员立即进行修理或更换相关控制部件。

（4）接地开关操作卡涩异常情况。应先检查手车（小车）位置是否在检修位置，相关的机械五防部件均在相应的正确位置，检查传动连杆、主拐臂等传动部件有无明显的变形，否则应通知检修人员立即进行修理。

（5）开关柜位置、信号及带电显示指示异常处理。

应检查相关指示的工作电源是否正常并复归相关测控装置，否则应通知检修人员立即进行修理。

（6）开关柜有异常声响的处理。应先结合开关柜的相关运行负荷、温度及附近有无异常声源进行简单的分类，并可结合红外测温、局部放电检测技术进行放电性异常声响诊断，对于机械振动类造成的异常声响，可减轻间隔负荷并通知检修人员适时进行修理。对于放电造成的异常声响，应汇报调度，申请退出运行，并通知检修人员立即进行修理。

(7) 开关柜在运行中发热。发热的原因主要有负荷过大、触头氧化接触不良、手车隔离插头没有完全合好、相关穿屏隔板出现涡流。应立即汇报调度，要求转移负荷，并根据红外测温缺陷定性标准，根据缺陷严重程度进行处理。严重缺陷应通知检修人员及时进行修理；危急缺陷，应汇报调度，申请退出运行，并通知检修专业人员立即进行修理。

(8) 绝缘异常处理。绝缘异常主要表现为外绝缘对地闪络击穿，内绝缘对地闪络击穿，相间绝缘闪络击穿，雷电过电压闪络击穿，瓷瓶套管、电容套管闪络、污闪、击穿、爆炸，提升杆闪络，TA 闪络、击穿、爆炸，瓷瓶断裂等。其放电击穿的原因主要是由于相与相间对地绝缘尺寸小，柜内有机绝缘件表面积污严重，遭到潮湿天气，加热驱潮装置失灵时，柜内湿度较高，引起绝缘表面结露而爬电或放电、击穿造成事故。严重时，应汇报调度，申请退出运行，并通知检修专业人员立即进行修理。

7.8 防雷及接地装置

电池储能站防雷设施由避雷针、避雷器、接地网组成。为了防止直击雷对储能站电气设备及建筑物的侵害，应装设足够数量的避雷针。独立避雷针和避雷器的接地引下线应独立接地，与总接地网的连接牢固并可以拆分，以便单独测量接地电阻。避雷针由针头、引流体和接地装置三部分组成。避雷器是一种释放过电压能量、限制过电压幅值的保护设备，在释放过电压能量后，避雷器恢复到原状态。

装有泄漏电流监测表的避雷器，在避雷器绝缘瓷瓶的末端应装设屏蔽环，以免瓷瓶的泄漏电流影响对避雷器泄漏电流的监测。屏蔽环必须采用绝缘线，屏蔽环的接地引下线必须接在漏电流监测仪的下方。

储能站构架的接地应用符合规定要求的接地引下线直接引入接地网。

7.8.1 巡视与检查

(1) 例行巡视检查项目及要求。

1) 避雷器的巡视检查及要求：①设备出厂铭牌齐全、清晰可识别，运行编号标识、相序标识清晰。②引线接头处，接触良好，无过热发红现象，无断股、散股。③设备外观完整，表面清洁、无裂纹，各部连接牢固。④套管瓷瓶及硅橡胶增爬伞裙表面清洁、无裂纹及放电现象，憎水。⑤无异常振动和声响。⑥均压环无倾斜，与本体连接良好，无锈蚀、伤痕、断裂。⑦避雷器密封结构金属件和法兰盘应无裂纹、锈蚀。

2) 避雷针的巡视检查及要求：①设备出厂铭牌齐全、清晰可识别，运行编号标识清晰可识别。②设备外观完整无损，各部连接牢固可靠。③独立避雷针无倾斜现象。

(2) 全面巡视检查项目及要求。在例行巡视项目内容基础上增加以下内容：

1) 如红外热像仪检测绝缘子有发热现象，应在白天通过肉眼或高清望远镜进行详细观察，是否存在裂纹。

2）线夹无裂纹，无明显发热、发红迹象，铜铝对接线夹制定更换计划，400mm 线径及以上导线设备线夹应钻排水孔，无排水孔设备线夹应加强巡视，无鼓包、开裂现象。

3）避雷器泄压通道口无堵塞。

4）避雷器在线监测仪指示动作次数值是否有变化，计数器数字显示清楚，内部是否有积水，并做好记录。

5）带有泄漏电流在线监测装置的避雷器泄漏电流有无明显变化，数据差异不超过10%，泄漏电流在正常区域内。

6）带串联间隙的金属氧化物避雷器或串联间隙是否与原来位置发生偏移。

7）避雷器绝缘底座瓷质部分无破损，应有导水孔（或缝）并保证排水畅通。

8）与避雷器、计数器连接的导线及接地引下线有无烧伤痕迹或断股现象，接头无松动。

9）避雷器、避雷针接地扁铁，连接完好，无松动、锈蚀，固定牢靠。

10）避雷器、避雷针基础完好，无开裂，塌陷等情况。

（3）熄灯巡视检查项目及要求。检查避雷器引线、接头有无放电、发红迹象，检查瓷套管有无闪络、放电痕迹。

（4）特殊巡视检查项目及要求。

1）严寒季节时巡视项目和要求：检查引出导线无过紧、接头无开裂、本体无发热等现象。

2）高温季节时巡视项目和要求：重点检查接头及本体无发热现象。

3）异常天气时的巡视项目和要求：①在冰雹、大风后，重点检查避雷器、避雷针及引线上无杂物、漂浮物及避雷器导引线无舞荡、断股、散股等情况。②在大雾及霜冻季节、污秽地区，检查避雷器瓷套管、装有硅橡胶增爬裙或防污涂料的套管，有无沿表面闪络和放电，不出现中部伞裙放电现象，重点监视污秽瓷质部分，必要时关灯检查。③当下小雨、雪时：各接头在小雨中和下雪后不应有水蒸气上升或立即熔化现象，否则表示该接头运行温度比较高，应用红外热像仪进一步检查其实际情况。大雪时还应检查引线积雪情况，为防止套管因过度受力引起套管破裂等现象，应及时处理引线积雪过多和冰柱。对于装有泄漏电流在线监测装置的避雷器应观察泄漏电流变化情况。④当覆冰天气时：观察避雷器外绝缘的覆冰厚度及冰凌桥接程度，覆冰厚度不超 10mm，冰凌桥接长度不宜超过干弧距离的 1/3，放电不超过第二伞裙，不出现中部伞裙放电现象。⑤在雷雨后：检查绝缘子、套管有无闪络痕迹。

4）事故后巡视项目和要求：①重点检查信号、保护、录波及自动装置动作情况。②检查事故范围内的设备情况，如导线有无烧伤、断股，套管瓷瓶及硅橡胶增爬伞裙表面有无污闪、破损情况。

5）新设备或大修后投入运行后巡视项目和要求：①新设备投运后进行特巡。②新设备或大修后投入运行重点检查有无异声、触头是否发热、发红、打火等现象。

6）红外测温特巡项目和要求：①月度要进行一次红外测温，高温高负荷期间应增加测温次数，测温时使用作业卡。用红外热像仪检查运行中避雷器套管引出线接头及本体的发热情况及其部位，红外热像图显示应无异常温升、温差或相对温差。检测和分析方法参考 DL/T 664—2008。②新建、改扩建或 A、B 类检修后应在投运带负荷后 1 个月内（但至少在 24h 以后）进行一次红外测温。③检修前必须进行一次红外测温。

7）其他应加强特巡项目和要求：①保电期间适当增加巡视次数。②带有缺陷的设备，应着重检查异常现象和缺陷是否有所发展。③对于运行 15 年及以上的避雷器，应重点跟踪泄漏电流变化情况。停运后，应重点检查压力释放口是否有锈蚀或破损。④每次雷电活动后或系统发生过电压等异常情况后，检查避雷器动作次数，检查瓷套及硅橡胶增爬伞裙与计数器外壳是否有裂纹或破损，与避雷器连接的导线及接地引下线有无烧伤痕迹，对于装有泄漏电流在线监测装置的避雷器，应观察泄漏电流变化情况。

7.8.2 运行注意事项

（1）维护内容、要求及轮换试验周期。避雷器在投入运行时，应记录动作计数器的数字及泄漏电流值，每半月或雷雨后检查记录动作次数及泄漏电流值有无变化，每年雷雨季节前进行运行中持续电流检测。

（2）一般运行规定如下。

1）避雷器应全年投入运行，严格遵守避雷器交流泄漏电流测试周期，雷雨季节前后各测量一次，测试数据应包括全电流及阻性电流，合格后方可继续运行。

2）线路若无避雷器者，不宜充电运行。

3）当系统运行异常（过电压跳闸）时，应对避雷器进行重点检查。

4）安装了在线监测仪的避雷器运行管理规定。①在线监测仪，在投入运行的时候，应记录一次测量数据，作为原始数据记录。②当在线监测仪监测数据出现异常，如有较明显的变化时（变化量一般不超过 10%），应立即汇报有关人员做出处理。③在监测仪投入运行后，应结合避雷器停电检测进行定期校验，校验不合格的装置应及时更换。

5）电气设备的接地应符合下列要求：①电气设备的接地引下线（接地线），应采用专用接地线直接接到地网，不准通过水泥架构内钢筋间接引下，接地线截面应符合规程要求。②接地线的连接应采用焊接，其搭接长度必须为扁钢宽度的 2 倍或圆钢直径的 6 倍，接地线与设备，接地线与架构（钢筋）均采用焊接方式连接，连接处要求同上（室内采用铜质接地极者除外）。③应特别注意变压器中性点接地，其中带零序的电流互感器，应注意其接地极要符合上述要求。

6）接地电阻不符合规定要求的，在巡视设备时，应穿绝缘靴。

7）应根据历次接地引下线的导通检测结果进行分析比较，以决定是否需要进行开挖检查、处理。

8）每年结合春季安全检查，通过开挖抽查等手段确定接地网的腐蚀情况，铜质材料接地体地网不必定期开挖检查。若接地网接地阻抗或接触电压和跨步电压测量不符合设计要求，怀疑接地网被严重腐蚀时，则应进行开挖检查。如发现接地网腐蚀较为严重，则应及时进行处理。

7.8.3 检修后验收

电池储能站的新建、扩建、改建工程，以及检修后的一、二次设备和自动化、通信设备必须按照有关规程标准验收合格，方能投入系统运行。检修后的验收项目及内容如下。

(1) 检修试验项目齐全，试验数据符合要求。

(2) 现场清洁，避雷器上无临时短路接线及其他遗留物。

(3) 设备铭牌应齐全，正确，清楚。

(4) 导引线无过紧、过松、散股、断股等异常现象。

(5) 避雷器外部应完整无缺损，封口处密封应良好，硅橡胶复合绝缘外套憎水性应良好，伞裙不应破损或变形。

(6) 带串联间隙避雷器的间隙应符合设计要求。

(7) 放电动作计数器密封应良好，动作应正常。

(8) 对于带有泄漏电流在线监测装置的避雷器，其在线监测装置指示应正常。

(9) 避雷器安装应牢固，各连接部位应牢固可靠，其垂直度应符合要求，均压环应水平表面无锈蚀变形。

(10) 绝缘基座及接地应良好、牢靠，接地引下线的截面应满足热稳定要求，接地装置连通应良好。

(11) 避雷器绝缘底座瓷质部分无破损，应有导水孔（或缝）并保证排水畅通。

(12) 避雷针垂直、牢固。

7.8.4 异常及故障处理

运维人员在运行中发现避雷器有异常现象时，应根据现场实际进行分析判断。如果异常影响设备正常运行，运维人员应立即汇报调度及上级部门和相关领导，并采取隔离措施，通知检修人员处理。如果设备存在缺陷，仍可以继续运行，应登记缺陷并加强设备巡视及监视，及时报告上级部门和相关领导，按缺陷处理流程进行。相关记录应记入PMS2.0系统。

(1) 避雷器故障异常一般规定。运行中避雷器有下列故障之一时，立即停用，同时运维人员应立即汇报调度及上级部门和相关领导，申请将异常避雷器退出运行，并采取隔离措施，通知检修人员处理。

1) 避雷器瓷套破裂或爆炸。

2) 避雷器底座支持瓷瓶严重破损、裂纹。

3) 避雷器内部有异声。

4) 连接引线严重烧伤或断裂。

5) 雷击放电后，连接引线严重烧伤或烧断。

(2) 避雷器在线监测仪泄漏电流表读数为零。

1) 避雷器在线监测仪泄漏电流表读数为零的原因。金属氧化物避雷器正常运行时，在线监测仪泄漏电流表读数为零，可能是在线监测仪泄漏电流表指针失灵。

2）避雷器在线监测仪泄漏电流表读数为零的处理。用手轻拍在线监测仪检查泄漏电流表指针是否卡死，如无法恢复时，应登记缺陷，并通知检修人员在保证安全距离的条件下带电进行在线监测仪更换。

（3）避雷器在线监测仪泄漏电流表读数异常增大。

1）避雷器在线监测仪泄漏电流表读数异常增大的原因。金属氧化物避雷器在线监测仪泄漏电流表读数异常增大，原因可能是金属氧化物避雷器密封失效、硅橡胶外套劣化，避雷器阀片或装配工艺有问题造成避雷器内部受潮、阀片老化。

2）避雷器在线监测仪泄漏电流表读数异常增大的处理。正常天气情况下，泄漏电流表读数超1.2倍（指示值纵横比增大20%）或读数为0，属于严重缺陷，应登记缺陷，加强巡视，汇报相关领导并按缺陷处理流程安排停电检修；正常天气情况下，读数超1.4倍（指示值纵横比增大40%），属于危急缺陷，应汇报调度，将故障避雷器停运，通知检修人员处理。

（4）避雷器红外测温温度异常。

1）避雷器红外测温温度异常的原因。红外测温发现避雷器在运行电压下最高温升超过DL/T 664—2008规定要求时，原因可能是避雷器内部存在缺陷。

2）避雷器红外测温温度异常的处理。对于暂时可以继续运行的缺陷，应加强巡视，按缺陷流程安排处理，危急设备运行的缺陷，应汇报调度，采取停电措施，通知检修人员立即进行处理。

（5）避雷器内部声响异常。

1）避雷器内部声响异常异常的原因。避雷器内部有异常声响，原因可能是避雷器阀片间隙损坏失去防过电压作用，而且可能引发单相接地故障。

2）避雷器内部声响异常异常的处理。应汇报调度，采取停电措施，通知检修人员立即进行处理。

（6）避雷器外绝缘套污闪或冰闪。

1）发现避雷器外绝缘套污闪或冰闪现象后，运维人员应立即向调度及上级领导汇报。

2）当发生严重闪络时，应申请停电进行处理。

3）不能停电处理时，应进行红外测温，加强监视，尽快安排停电处理。

（7）避雷器瓷套裂纹。

1）当裂纹较小时，应登记缺陷，汇报相关领导，并加强巡视检查，尽快安排停电处理。

2）裂纹严重、可能造成接地的时候，应汇报调度，采取停电措施，并通知检修人员立即处理。

（8）避雷器引线脱落断损或松脱。发现避雷器引线断损或松脱后，应立即汇报调度，将故障避雷器停运，并做好安全措施，等待检修人员到现场进行处理。

7.9 电 力 电 缆

电力电缆按绝缘材料分可分为油浸纸绝缘电力电缆、塑料绝缘电力电缆、橡皮绝缘电力电缆，一般埋设与土壤中或敷设于室内、沟道、隧道中。

7.9.1 巡视与检查

（1）例行巡视检查项目及要求。

1）设备出厂铭牌齐全、清晰可识别，运行编号标识、相序标识清晰可识别。

2）对敷设在地下的电缆线路，应查看路面是否正常。

3）直埋电缆上面无开挖、车辆碾压及重物堆放痕迹，电缆排列整齐，无机械损伤，标志牌装设齐全、正确、清晰。

4）电缆线路上不应堆置杂物和化学物质等。

5）进入房屋的电缆沟口处不得有渗水，隧道内不应积水或堆积杂物。

6）电气连接点固定件无松动、锈蚀，引出线连接点无发热现象。

（2）全面巡视检查项目及要求。电缆的全面巡视应在例行巡视基础上增加以下内容：

1）清洁电缆终端头时，无异味和异常声响、无漏油、溢胶、放电、发热等现象。

2）电缆绝缘无破损，终端绝缘管材无开裂，特别注意套管及支持绝缘子无损伤、无放电痕迹。

3）隧道或沟内支架必须牢固，无松动或锈烂现象，接地应良好。

4）电缆头接地线是否良好，连接处是否紧固可靠，无发热或放电现象，接地单芯电缆只能一端接地，接地无松动、断股和锈蚀现象。

5）电缆沟内应无杂物，盖板齐全，按规定设置标志清晰的防火隔墙。

6）电缆竖井、电缆夹层、电缆沟内孔洞封堵完好，通风、排水及照明设施完整，防火设施完好，监控系统运行正常。

（3）熄灯巡视检查项目及要求。检查电缆接头有无放电、发红迹象，检查瓷套管有无闪络、放电痕迹。

（4）特殊巡视检查项目及要求。

1）严寒季节时巡视项目和要求。检查电缆接头是否开裂发热、电缆外绝缘有无冻裂等现象。

2）高温季节时巡视项目和要求。检查各侧电缆接引线接头处无发红、发热现象。

3）事故后巡视项目和要求：①重点检查信号、保护、录波及自动装置动作情况。②检查事故范围内的设备情况，如电缆有无烧伤、断股情况。

4）高温大负荷期间巡视项目和要求。在高温高负荷时，检查电缆及终端绝缘胶是否软化、绑扎带是否松脱。

5）新设备或大修后投入运行后巡视项目和要求：①新设备投运后进行特巡。②新设备或大修后投入运行重点检查有无异声、触头是否发热等现象。

6）红外测温特巡项目及要求：①月度进行一次红外测温，高温高负荷期间应增加测温次数，测温时使用作业卡。用红外热像仪检查运行中电缆及其附属设备的发热情况，红外热像图显示应无异常温升、温差或相对温差。检测和分析方法参考 DL/T 664—2008。②新建、改扩建或 A、B 类检修后应在投运带负荷后 1 个月内（但至少在 24h 以后）进行一次红外测温。③检修前必须进行一次红外测温。

7）其他应加强特巡项目和要求：①保电期间可以适当增加巡视次数。②对于带有缺陷的设备，应着重检查异常现象和缺陷是否有所发展。

7.9.2 运行注意事项

电缆一般运行规定如下。

（1）电池储能站内应保持电缆通道、夹层整洁、畅通，消除各类火灾隐患，不得积存易燃、易爆物。

（2）站内应有直埋电缆走向图，并沿线做好标示。

（3）电缆通道临近易燃或腐蚀性介质的存储容器、输送管道时，应加强监视，防止其渗漏进入电缆通道，进而损害电缆或导致火灾。

（4）对于电缆通道、夹层内使用的临时电源，应满足绝缘、防火、防潮要求，工作人员撤离时应立即断开电源。

（5）电池储能站夹层应安装温度、烟气监视报警器并定期检测，确保动作可靠、信号准确。

（6）检测电缆和接头运行温度，发现重载和重要电缆线路因运行温度变化出现异常应及时处理。

（7）在电缆通道、夹层内动火作业应办理动火工作票，并采取可靠的防火措施。

（8）在进入控制室、电缆夹层、控制柜、开关柜等处的电缆孔洞，应采用防火材料严密封闭。

（9）电缆夹层、电缆隧道宜设置火情监测报警系统和排烟通风设施，并按消防规定，设置沙桶、灭火器等常规消防设施。

（10）对于同一通道内不同电压等级的电缆，应按照电压等级的高低从下向上排列，分层敷设在电缆支架上，如不能做到这样的排列，则应有隔离措施。

（11）电池储能站内直埋电缆沿线应装设永久标识，电缆路径上应设立明显的警示标志，对可能发生外力破坏的区段应加强监视，并采取可靠的防护措施。

（12）全电缆线路不应采用重合闸，对于含电缆的混合线路应采取相应措施，防止变压器连续遭受短路冲击。

（13）电缆主绝缘、单芯电缆的金属屏蔽层、金属护层应有可靠的过电压保护措施。

（14）严禁在储能站电缆夹层、桥架和竖井等缆线密集区域布置电力电缆接头。

（15）电缆导体的长期工作下的允许温度见表 7-1，不应超过表 7-1 中所列的数字（当制造厂有具体规定时，应以制造厂规定为准）。

（16）电缆正常时不允许过负荷运行，即使在事故状态下出现短时过负荷，应立即汇报调度迅速恢复其正常电流，电缆长期允许载流量以厂家数据为准。

（17）电缆线路的正常工作电压，一般不应超过电缆额定电压的115%，电缆线路的升压运行必须经过试验鉴定，并经上级主管部门批准。

（18）电缆的弯曲半径应不小于：①纸绝缘多芯电力电缆（铅包、铠装）15倍电缆外径。②纸绝缘单芯电力电缆（铅包、铠装或无铅装）20倍电缆外径。③铅包电缆，橡皮绝缘和塑料绝缘电缆及控制电缆按制造厂规定。④聚氯乙烯绝缘电力电缆10倍电缆外径。⑤交联聚乙烯绝缘电力电缆，单芯为电缆外径的15倍，三芯为电缆外径的10倍。

表7-1　　电缆导体的长期工作允许温度（℃）

电缆种类	额定电压（kV）				
	3及以下	6	10	20～35	110～330
天然橡皮绝缘	65	65			
黏性纸绝缘	80	65	60	50	
聚氯乙烯绝缘	65	65			
聚乙烯绝缘	70	70			
交联聚乙烯绝缘	90	90	90	80	
充油纸绝缘				75	75

7.9.3　检修后验收

储能站的新建、扩建、改建工程，以及检修后的一、二次设备和自动化、通信设备必须按照有关规程标准验收合格，方能投入系统运行。检修后的验收项目及内容如下：

（1）检修试验项目齐全，试验数据符合要求。

（2）现场清洁，设备上无临时短路线、接地线、扎丝等其他遗留物。

（3）电缆应排列整齐、无损伤，铭牌应齐全，正确，清晰。

（4）电缆的固定弯曲半径、有关距离及单芯电力电缆金属护层的接线应符合要求。

（5）电缆终端、中间头不渗漏油，安装牢固（充油电缆油压机表计整定值应符合要求）。

（6）电缆验收内容包括电缆及附件的敷设安装、电缆路径、附属设施、附属设备和试验的验收。

（7）电缆头绝缘瓷套应完整、清洁，无裂纹和闪络痕迹，支架牢固，无松动锈蚀，接地良好，电缆终端无开裂现象。

（8）电缆终端相色正确，支架等的金属部件油漆完整。

（9）电缆沟及隧道内、桥梁上应无杂物，盖板齐全。

（10）电缆绝缘瓷套应完好、清洁，支架牢固，无松动。

（11）检查电缆夹层、隧道封堵完好，盖板齐全。

7.9.4 故障及异常处理

运维人员在运行中发现电力电缆有异常现象时，应根据现场实际分析判断。如果影响设备正常运行或是需要调度配合时，运维人员应立即汇报调度及上级部门和相关领导，并尽快将其消除；如不能尽快消除的，应采取隔离措施，通知检修人员处理。如设备存在缺陷，应登记缺陷，并及时报告上级部门和相关领导。相关记录记入 PMS2.0 系统。

（1）电缆过热。电缆过负荷时，会导致发热严重，应汇报调度申请减少负荷，做好红外测温，加强监视。

（2）电缆发生下列情况时，应汇报调度，申请将电缆退出运行等措施，并立即报告上级部门和相关领导，现场无法处理的故障应立即通知检修人员处理。

1）电缆头爆炸。

2）电缆头严重发热。

3）电缆头放电现象较严重。

4）如漏油严重时。

（3）电缆着火。应立即将电缆退出运行，并汇报调度，同时报告上级部门和相关领导。现场负责人组织灭火，现场无法处置的火灾情况，应该立即拨打火灾报警电话 119。

7.10 二次设备一般运行管理

7.10.1 基本要求

（1）新装置投运前应具备的条件。

1）具有与现场实际接线相符的保护装置图纸、产品说明书、出厂试验报告及书面试验结论。更改设计部分有手续完善的设计变更通知单。

2）具有经审核批准的保护整定单，并核对装置定值与整定单一致。

3）具有经批准的该保护装置的现场运行规程并已组织学习。

4）保护屏中的所有元件、压板、快分开关等标志完整清晰、定义准确，吊牌或标签正确清晰、整洁、牢固，并与图纸相符。电缆沟、井、隧道及电缆的敷设、防小动物、防火情况应满足运行要求，保护屏、端子箱的二次电缆孔洞封闭完好。

5）保护和控制装置各按钮及功能开关等操作灵活，接触良好，屏体本身可靠接地，保护和控制装置的屏柜下部设有截面不小于 100mm^2 的接地铜排。屏柜上装置的接地端子和电缆屏蔽层用截面不小于 4mm^2 的多股铜线和接地铜排相连。接地铜排用截面不小于 50mm^2 的铜缆与保护室内的等电位接地网相连。

6）保护已按要求进行验收，且与储能站监控后台及县级调控中心同步核对信号准确一致。工作负责人给出可以投入运行的书面结论及有关操作注意事项及运行要求，详细记录并经安装、运行、检修三方签字认可。

(2) 电力设备不允许无保护运行。当设备主保护全部停运时，设备宜同时停运。

(3) 如装置发生异常需将保护或自动装置退出运行的，必须得到相应调度同意后方可停用，停用一般应按下列原则：

1) 保护的停用不至于造成越级跳闸。

2) 有全线灵敏度的主保护在运行时可允许其后备保护短时停用。

3) 保护或自动装置的停用不至于造成系统稳定破坏。

4) 有两套主保护的，可停用其中一套。

(4) 运维人员应按值班调度员下达的调度指令进行保护装置的投退、定值更改等操作。

(5) 各保护及自动装置的屏前、屏后均应具有设备名称编号牌，各单元装置名称编号必须准确、清晰，各端子排、端子箱的二次接线标签应标志清晰、准确无误。

(6) 各压板、切换端子、切换开关、熔丝、空气快分开关、表计等设备的标签标字必须规范、清晰、简明，压板的标字应有双重名称（即压板编号和名称）。

(7) 为保障储能站二次设备的安全稳定运行，并综合考虑经济节能的需要，对环境温湿度的控制做如下规定：

1) 保护室内月最大相对湿度不应超过 75%，应防止灰尘和不良气体侵入。

2) 储能站保护及自动化等二次设备运行的室内环境温度应常年保持在 5～30℃，无法自然保持该温度的保护室、控制室及安装了二次设备的开关室等场所，应安装空调设备，空调出风口不能直接面向设备屏柜。

3) 通信设备室运行环境温度控制与二次设备场所要求一致。

4) 梅雨季节，二次设备运行场所湿度过大时，应开启空调或除湿机进行除湿。

(8) 进出保护室，应随手关门，并确认保护小室门是已关好，防止小动物进入。

7.10.2 巡视与检查

运维人员应针对保护和测控装置面板指示灯、保护压板以及空气快分开关和转换开关制定细化的核对表、卡，提高巡视效率和工作质量，并将每次巡视情况录入 PMS2.0 系统。设备有异常或其他必要情况时，应加强特殊巡视。

(1) 例行巡视内容如下：

1) 保护等二次设备的外壳清洁、完好，无松动、裂纹。

2) 保护等二次设备运行状态正常，液晶面板显示正确、无模糊，无异常响声、冒烟、烧焦气味。

3) 保护等二次设备无异常告警、报文。

4) 各类监视、指示灯、表计指示正常。

5) 直流电压正常，直流绝缘监察装置完好。

6) 保护小室室内温度在 5～30℃之间，相对湿度不大于 75%，空调机、除湿机运行正常。

(2) 全面巡视。全面巡视应在例行巡视基础上增加以下内容：

1) 检查压板及转换开关位置应与运行要求一致，压板上下端头已拧紧，备用压板已取下。

2）检查各控制、信号、电源回路快分开关位置符合运行要求。

3）核对保护装置各采样值正确。

4）检查屏柜编号、标示齐全，无损坏。

5）检查屏内外清洁、整齐，屏体密封良好。

6）检查屏门接地良好，开合自如。

7）检查屏柜内电缆标牌清晰、齐全；电缆孔洞封堵严密。

8）检查打印纸充足、字迹清晰，印机防尘盖盖好，并推入盘内。

（3）特殊巡视。

1）新投运或经过检修、试验后的特殊巡视包括：①检查保护压板是否投退正确，对试运行线路，重点检查重合闸压板投退情况；对新投运的变压器保护，检查重瓦斯跳闸压板投退情况。②检查保护装置开入量变化情况，开入信号应正确。③结合新投运或检修设备后的第一次例行巡视，对该设备保护定值及压板进行专项检查核对，并签字确认、保存。

2）设备跳闸后的特殊巡视内容包括：①检查装置运行指示灯、保护跳闸灯是否正常，操作箱的断路器位置信号灯、跳闸、重合闸指示灯是否与实际运行情况相符。②检查并打印保护装置开入量变化情况及保护装置动作报告，检查故障录波装置是否正常录波，录波文件是否正确，打印故障录波报告。

3）在设备过负荷或重大保电任务期间，检查各保护模拟量幅值、相位是否在正常范围内，差流及制动电流是否正常。

4）当恶劣天气时，检查保护装置启动情况，检查各保护模拟量幅值、相位是否在正常范围内，差流及制动电流是否正常。

5）出现缺陷后，对有发展变化的异常缺陷如直流电压降低或接地，应及时检查跟踪缺陷变化趋势，直至缺陷消除。

（4）保护装置日常维护内容如下：

1）每周对保护及自动装置时钟进行核对，发现情况应及时汇报处理。

2）每月对保护装置进行项目检查维护，发现情况应及时汇报处理，这些项目包括：①检查清扫各屏柜、端子箱。②检查各保护及自动装置采样值（电流、电压、功率等）显示正确。③检查保护及录波装置的打印纸存量并补充。④检查空调机、去湿机、防潮加热器的工作情况，并根据天气情况投退。

3）每半年进行一次全站压板及定值、采样值检查核对。

7.10.3 运行注意事项

（1）保护装置管理。

1）保护屏压板分类：①出口压板含跳闸压板、合闸压板等。②功能压板含保护功能投/退压板、检修状态投/退压板、启动重合闸压板、对保护性能有影响的其他功能投/退压板。③备用压板是暂不使用的压板。

2）运维人员不得随意拉扯二次线及触碰继电器，防止 TA 二次开路、TV 二次短路；查看装置面板时，禁止随意进行的工作包括：①开出传动。②修改、固化定值。③设置运行 CPU 数目。④改变定值区。⑤改变本装置在通信网中地址。

3）应停用整套保护装置的情况包括：①保护装置使用的交流电压、交流电流、开关量输入、开关量输出回路作业。②装置内部故障或插件更换。③更改保护的定值区、整套保护定值。④断合保护电源或保护电源的上级回路开关、保险引起保护装置电源消失的。⑤保护公共回路，保护电源故障，保护异常告警运行灯灭等情况。

（2）定值管理。

1）现场运维部门对保护定值的管理应有专人负责，并在现场建立和及时更新保护装置定值台账，定值通知单执行情况应能随时查询，以便检查督促。已执行的定值通知单应实行档案化管理。

2）保护定值通知单保管应遵守的规定：①调度下达的定值，要求运维班组指定专人对电子版本定值单进行管理。②现场定值单放入文件盒中管理，应作废的定值单，必须及时作废，不得与正式运行存档的定值单混放。③保护装置定值打印清单随相应定值通知单一并保存管理。④每次定值核对后，在打印的定值清单上记录核对原因、时间，核对人应签名。

3）保护装置定值调整应由检修人员执行，定值区切换和临时定值调整由运维人员执行，运维人员变更保护定值应填用操作票。定值通知单应编号并注明编发日期。

4）保护定值通知单应分别发给运维、检修单位，新设备的保护装置定值通知单还应发给基建调试单位。运维、检修单位应按保护定值通知单规定的日期执行，并在 3 日内将保护定值通知单回执反馈至所属调度机构保护专责。

5）定值值调整应按调度命令执行。运维人员应与值班调度员核对定值通知单编号，临时定值变更时，运维人员应将保护装置名称（含双重编号）、定值项名称及定值的变动情况做好记录。

6）运维人员应逐项核对实际定值无误（核对内容为定值通知单全部内容，含软件版本号和 CRC 码），与定值调整人员一起在保护定值通知单及保护装置定值打印清单上签名并注明日期，保护装置定值打印清单应存档备查。定值核对完毕，运维人员按照定值通知单的编号向值班调度员汇报定值通知单的执行情况，无误后方可投运。检修人员应在 PMS2.0 系统修试记录上记录定值通知单编号、存在的问题及措施等。

7）保护装置的打印定值及控制字必须与定值通知单一致，如遇定值偏差或其他问题无法执行该定值通知单时，必须与定值整定单位核实、协商，由整定单位复核后下发新的保护装置定值通知单。

8）已执行的保护整定通知单上盖“已执行”章，作废的整定通知单应盖“作废”章。

9）新投产的保护装置或保护装置检修工作结束后的第一次例行巡视，运维人员必须对新投或检修后设备压板及定值开展针对性检查核对，并在压板核对清册及打印定值单上签字确认并记录核对日期、核对人。

10）保护装置定值调整应注意事项：①检查并熟悉定值通知单的内容：首先应检查定值通知单的下达日期、被调整设备的名称及编号是否正确，查看定值通知单的计算、审核、批准及签章是否完整，阅读定值通知单备注栏中的说明，并对照该说明通览定值通知单的其他全部内容。②查看当前区号，确保在打开装置定值调整菜单时，进入正确的定值区，并在保存固化定值时能够正确选择定值区号。③核对程序版本及校验码，确保与定值通知单所述一致。④定值调整前，应按调度命令退出被调整保护装置对应的出口压板。对于双重配置的保护，一般先退出一套保护全部出口压板，待修改完定值并核对正确投入后，再以相同方式进行第二套保护定值的修改。⑤调整完毕后应确认定值调整无误，检查保护装置面板信号正常，采样值（对于差动保护应检查差流是否在允许范围内）正确。⑥修改临时定值、切换定值区，应将每一项变更的定值和定值区切换作为一个操作项目写入操作票中。未变更的定值不填入操作票内。⑦调整完毕后，打印全部定值并核对无误，按调度命令投入被调整保护装置对应的所有出口压板。

（3）缺陷管理。

1）投入运行（含试运行）的保护和安全自动装置缺陷按严重程度共分为三级：危急缺陷、严重缺陷、一般缺陷。①危急缺陷是指保护和安全自动装置自身或相关设备及回路存在问题导致失去主要保护功能，直接威胁安全运行并须立即处理的缺陷。②严重缺陷是指保护和安全自动装置自身或相关设备及回路存在问题导致部分保护功能缺失或性能下降，但在短时内尚能坚持运行，需尽快处理的缺陷。③对于一般缺陷是指除上述危急、严重缺陷以外的不直接影响设备安全运行和供电能力，保护和安全自动装置功能未受到实质性影响，性质一般、程度较轻，对安全运行影响不大，可暂缓处理的缺陷。

2）运行巡视、现场操作等过程中发现保护和安全自动装置缺陷时，按照现场运行规程开展检查处置，并立即通知检修人员，必要时应向值班调度员汇报，依据调度指令采取相应防范措施。

3）保护及安全自动装置缺陷基本处理原则：①对于危急缺陷，可能导致一次设备失去主保护时，应申请停运相应一次设备；保护和安全自动装置存在误动或拒动风险时，应申请退出该装置。②对于严重缺陷，可在保护专业人员到达现场进行处理时再申请退出相应保护和安全自动装置的，未处理期间应加强设备的运行监视。③对于一般缺陷，不影响保护和安全自动装置性能，装置能继续运行的，可在不退出装置的情况下或随检验工作同时开展消缺，未处理期间应加强设备的运行监视。

4）运维检修单位的保护和安全自动装置缺陷定级应履行审核手续。

5）新建、扩建或改建工程的保护和安全自动装置应零缺陷投入运行。在新建、扩建或改建工程投运前，工程中的保护和安全自动装置缺陷处理记录等资料应移交运维检修单位，运维检修单位负责统计存档。对于工程质保期内发生的保护和安全自动装置缺陷，由建设单位负责处理，运维检修单位配合。

（4）保护检修管理。

1）在保护装置检修试验工作开工前，运维人员应根据工作票的要求，按《电力安全工作规程》的规定布置好安全措施。

2）一次设备冷备用或检修状态下，在保护装置检修试验前，运维人员应将保护或测控屏的“远方/就地”切换开关置于“就地”。

3）凡断路器机构进行调整或更换部件后，必须经过保护带断路器做传动试验合格，并与后台、监控核对断路器机构信息点表无误，保护装置方可投入运行。

4）保护端子箱更换后，运维人员在对相关保护回路进行调试验收的同时，还应进行监控后台及县级调控中心断路器机构信息核对验收。

5）保护装置更换CPU插件、软件升级、新功能投入或出口矩阵有变动时，应经过整组传动试验到出口压板（有条件时传动实际断路器），该保护方可投入。在投入运行前，运维人员应核对一次保护装置全套定值。

6）避免在保护和自动装置设备附近进行振动较大的工作。如需工作，应采取防止运行中设备误动作的措施，必要时向调度申请，经值班调度员同意，将保护暂时停用。

7）当保护装置与通信复用通道时，通道设备的维护和调试均由通信人员负责。当通信人员在通信设备或复用通道上工作而影响保护装置的正常工作时，应由通信值班人员通知运维班值班负责人，由运维值长向主管调度申请退出有关保护装置，经主管调度批准后，由主管调度下达给当班值长，将两端有关保护装置退出，然后由当班值长通知通信值班人员进行工作。

8）在二次回路上工作的有关规定：①在保护装置和二次回路上工作时，应退出该保护装置并断开与其他保护相关的回路，防止直流接地和短路。②在运行中的TV或TA二次回路上进行工作时，应防止TV二次回路短路和TA二次回路开路。③当新安装的保护装置投运前或已运行的保护装置电流、电压回路有变动时，应带负荷检查保护极性正确后，方可将保护投入跳闸。当新安装的母线保护投运前或已运行的母线保护电流二次回路有变动时，除带负荷检查母线保护极性正确外，还应检查母线保护各个出口继电器、出口回路及切换回路。④当新安装的变压器保护投运前或已运行的变压器保护二次回路有改变时，应带负荷进行相位、极性、差流、差压的检查均正确后方可投入运行。变压器充电时，变压器差动保护应投入跳闸。⑤当新设备的TV、TA及相关二次回路接入运行中的保护装置时，应有保障运行设备安全运行的措施，并经调度机构许可后方能接入。⑥当TA停电进行高压试验时，若该TA二次回路接入到运行中的保护装置，应采取措施将TA二次回路与运行中的保护装置进行隔离。⑦运维人员不许随意拆下保护屏、监控屏内继电器、端子排上的二次线以及屏内其他设备。⑧在保护及二次回路进行改造、更换和变动二次接线工作时，必须有相应的施工方案和图纸资料（经有关部门审核批准），否则，运维人员有权拒绝开工。⑨在二次工作结束后办理工作票终结前，检修保护人员必须将在工作中变动的设备或回路有关安全措施恢复到工作开始前状态。工作负责人应负责清理现场，然后向运维人员详细交代现场设备情况，并将其记入修试记录簿中。

7.10.4 检修后验收

（1）在保护装置检修工作结束后，应经运维人员验收合格后方可办理工作终结手续，验收必须按下列要求进行：

1）保护装置外观检查正常，无异常响声、无异味，运行指示灯、电源监视灯正常点亮，无保护动作及告警信号。

2）验收时，先听取工作负责人讲解工作情况，有无定值更改、接线更改，以及运维人员应注意的事项，必要时对照图纸检查核实，并根据工作的实际情况进行验收。

3）验收时，应模拟故障，进行整组传动试验，检查各装置信号、光字、断路器动作等情况正确。

4）当二次接线有变动或更改时，应要求工作人员修改图纸，在图纸上注明修改依据、修改人及修改日期；若监控信号有变动，应确保综自后台和县级调控中心监控也做相应修改；若二次回路或点表有改动，应与综自后台及县级调控中心核对信号准确一致（包括传动试验）。

5）按调度下达的正式定值通知单，核对定值整定是否正确。

6）检查保护屏内清洁无杂物，拆动的接线是否已恢复。

7）工作现场应整洁，保护装置干净、无遗留物，临时线已拆除，压板及切换小开关与许可时状态一致，二次安全措施已全部恢复。电缆进出洞封堵严密，无漏光。

（2）若装置存在遗留缺陷，应汇报相关专责并请示主管部门同意后方可投入运行。

7.10.5 故障及异常处理

（1）保护和自动装置出现故障异常，应进行如下处理：

1）运维人员应按该站现场运行专用规程处理。

2）影响设备正常运行或需要调度配合时，运维人员应立即汇报调度、上级部门专责和分管领导，并尽快将其消除。

3）不能尽快消除的，应采取必要措施；需退出保护装置的，应申请值班调度员将其退出，及时通知检修人员处理。

4）设备存在缺陷，应登记缺陷，按缺陷处理流程安排处理，并及时报告上级部门专责和分管领导。

（2）保护和自动装置动作。

1）运维人员应立即检查装置动作情况。

2）做好记录后复归保护信号，并向调度进行详细汇报。

3）微机型保护的打印记录应保持连续完整，不得人为中断，打印报告应收存归档。

4）在保护和自动装置动作后，2h 内向值班调度员汇报故障录波装置及保护装置测距数据，24h 内向调度机构保护部门提供保护装置总报告、分报告和故障录波图。

（3）保护和自动装置误动或动作原因不明造成断路器跳闸，除做好记录外，运维人员应保护好现场，严禁擅自复归保护动作信号，严禁打开继电器和保护装置的盖子或动二次回路。

（4）保护装置故障异常需拉合一次装置电源检查时，应汇报相应调度，申请退出故障装置全部出口压板后，方可进行。

（5）发现运行中的继电器内部有异音，接点振动、发热、脱焊及其他故障，可能造成保护误动时，应向值班调度员汇报，按要求停用有关保护。

7.11 BMS 运行及故障处理

7.11.1 运行注意事项

（1）在值班人员进入电池厂房或预制舱前，应事先进行通风。

（2）电池管理系统外观正常，无异响，无异味。

（3）电池管理系统的指示灯、电源灯显示正常。

（4）电池管理系统温度、电流、电压等测量值显示正常，无告警。

（5）电池 SOC 在正常范围内。

（6）电池管理系统温度、电流、电压等测量采集线连接可靠，无松动、脱落。

（7）电池管理系统工作状态指示灯、监控界面显示正常，无告警。

（8）电池管理系统的告警、保护、充放电控制等定值应按照通过审批的定值单设定。需改变定值时，应重新下达定值单，由具备操作权限的值班人员执行。

（9）电池管理系统与储能变流器、监控系统通信正常。

7.11.2 故障及异常处理

（1）电池管理系统发生通信故障时，检查通信线是否松脱或接触不良。

（2）电池管理系统在运行中出现告警和保护动作信号且不能复归，应停机检查。

（3）电池管理系统发生操作失效时，检查电池管理系统主机和电源模块。

（4）电池管理系统供电后无法正常工作，记录现象，断电重启，事后向相关单位反应。

（5）单簇总压较低，单体电池采样电压异常，联系检修人员处理。

（6）当触摸屏显示簇总压正常，但充放电无电流或电流偏小时，应检查该簇回路接触电阻是否增大，电池模组是否未推紧，汇流柜断路器是否触点损坏，电池模组内阻是否增大、电压是否正常。

7.12 PCS 运行及故障处理

7.12.1 运行注意事项

（1）PCS 控制系统的监控系统界面显示正常，软件版本和参数设置正确无误，无硬件和配置类告警信息。

（2）PCS 控制系统已投入完备的保护功能。在储能变流器启动运行前，应确定相应的保护投入。

（3）PCS 控制系统应按规定投入运行，任何人未经允许，不得自行改变运行状态。PCS 控制系统的投退以及定值修改，必须经相关值班调度员下达指令，运维人员按运行规程执行具体操作并对其正确性负责。

（4）进行检修工作时，应做好 PCS 控制系统所控制的变流器与其他一次设备的隔离；其他二次设备检修影响装置正常运行时，也应做好二次安全隔离措施。

（5）PCS 控制系统正常运行时应检查：

1）交直流电源监视灯应亮，各信号正常。

2）液晶显示画面正常，无异常报警信号，装置对时正确。

3）电压、电流、功率及频率等电气量正确。

（6）与监控系统的信息交互正常。

（7）与 BMS 的信息交互正常。

7.12.2 故障及异常处理

（1）当储能变流器的控制系统工作异常时，应停机检查。

（2）当储能变流器的功率输出异常时，应停机检查其功率元件及其控制驱动模块、控制通信通道。

（3）当储能逆变器不能按照预期输出或充放电量发生异常发化时，检查储能电池开路电压、紧急停机旋钮是否出于按下状态、电网是否正常、检查计量板的通信是否正常。

（4）机器工作噪声较大，检查功率是否在正常范围内，测量并网电流、电压，检查波形是否正常。检查更换冷却风扇。

7.13 线路保护、变压器保护、母线保护

7.13.1 运行注意事项

（1）每回 10kV 专线两侧各配置 1 套光纤电流差动保护，采用专用光纤通道。

（2）变压器不配置独立的保护装置，由上级的 10kV 馈线保护实现，配置三段式过流保护、过负荷保护等，采用保测一体装置，就地安装于 10kV 开关柜。

（3）电池储能站每回 10kV 进线配置 1 套方向过流保护装置，用于保护 10kV 母线。

（4）线路投入运行前，保护应按规定投入运行，然后进行送电操作。线路退出运行，先停线路，然后退出线路保护；对于新投线路应按照投运方案进行操作。

7.13.2 故障及异常处理

（1）装置发“TA 断线”信息的处理：

1）应立即汇报值班调度，申请退出本装置所有保护出口压板。

2）打印采样报告，并检查电流回各个接线端子、线头是否松脱，连接片是否可靠，有无放电、烧焦现象（应注意可能产生的高电压）。如运维人员不能处理，应通知检修人员处理。

3）如果信号能复归，也要通知检修人员尽快查明原因。

（2）装置发“TV断线”信息的处理：

1）应立即汇报调度，申请退出该装置与电压相关的保护。

2）现场检查护屏背后及端子箱TV的二次快分开关是否跳闸，如确实由二次快分开关跳闸引起，则应试合一次TV的二次快分开关，此时若信号消失，则汇报调度，投入相关保护。

3）试合TV的二次快分开关仍跳开，则检查电压二次回路有无明显接地、短路、接触不良现象，无法处理时联系检修人员进行检查处理。

4）若此信号可复归，也应联系检修人员查明原因。

（3）装置直流电源消失的处理：

1）应检查保护直流空开是否跳开，并汇报值班调度，退出本装置所有保护出口压板。

2）可试送一次装置直流电源，如不能恢复，则汇报调度，并通知检修人员处理。

7.14 站用变压器保护

7.14.1 运行注意事项

对于高压侧采用断路器的所用变压器，高压侧宜设置电流速断保护和过电流保护。

（1）用变压器保护的投退应与一次设备运行方式一致。

（2）保护装置指示灯正常，液晶显示正常，采样正常，无告警信号。

（3）保护测控一体化的站用变压器保护装置，在专业人员调取点表、修改遥控、遥测、等测控参数时，可能造成保护误出口，应将站用变压器退出运行。

7.14.2 故障及异常处理

（1）运行中保护发出非电量告警信号，且气体继电器无气体，应手动复归一次，信号不消失，则应检查二次回路有无异常，对于无法处理的故障，汇报调控机构及主管部门，必要时可申请将保护退出，待专业人员处理。

（2）运行中保护发出电气量告警信号，应查看交流采样是否正常，根据结果检查相应二次回路。未发现明显异常，且告警不消失时汇报调控机构及主管部门，必要时可申请将保护退出，待专业人员处理。

（3）站用变压器保护动作，若只跳开高压或低压一侧开关，应立即检查出口压板是否均投入，同时依据定值通知单检查装置跳闸出口控制字是否均投入，若控制字整定有误应联系专业人员处理，同时应汇报调控机构及上级管理部门是否试送。

7.15 频率电压紧急控制

7.15.1 运行注意事项

电池储能站配置频率电压紧急控制装置，装置组屏安装，置于二次设备预制舱。根据频率、电压事故情况实现过频过压切机、压出力、解列等措施保证系统的安全，解列点设置在储能站升压变压器高压侧。

（1）频率电压控制装置应按规定投入运行，任何人未经允许，不得自行改变运行状态。频率电压控制装置的投退及定值修改，必须经相关值班调度员下达指令，运维人员按运行规程执行具体操作并对其正确性负责。

（2）在频率电压控制装置进行检修工作时，应做好与所接运行设备的二次安全隔离措施；当其他二次设备检修影响低周装置正常运行时，也应做好二次安全隔离措施。

（3）频率电压控制装置正常运行时应检查：

1）交直流电源监视灯应亮，各信号正常。

2）微机液晶显示画面正常，无异常报警信号，装置对时正确。

3）电压、电流、功率及频率等电气量正确。

4）无异常告警信号和打印记录，打印机电源开启正常、打印纸充足。

5）各出口压板的位置与调控下达的定值相符。

7.15.2 故障及异常处理

（1）系统发生事故装置稳控功能出口或装置工作异常时，应及时与检修单位或厂家联系。

（2）频率电压紧急装置发生故障，应退出该故障装置，并退出其所有出口压板。

（3）频率电压紧急装置动作的处理。

1）现场值班人员应立即向相关调度值班调度员汇报装置动作情况，同时告知地区调控中心。

2）及时打印动作报告，记录装置动作信号，将其报送调度。

7.16 防孤岛保护装置

7.16.1 运行注意事项

电池储能站配置防孤岛保护装置，装置组屏安装，置于二次设备预制舱。在非计划孤岛情况下，瞬时动作于断路器，使储能系统在 2s 内与配电网断开。该保护装置布置在预制舱内部。具备逆功率保护、过电压保护、低电压保护、过频保护、低频保护和外部连跳保护。

防孤岛保护装置功能（必有功能）如下：

（1）低频保护。频率在35～65Hz之间时且曾经在低频值以上时低频保护才能启动，低频保护动作200ms后立即返回。

（2）过频保护。当频率高于定值时保护启动。

（3）低压保护。当电压低于定值时动作。

（4）过压保护。当电压高于定值时动作。

（5）联跳。支持变电站侧联跳，即当收到变电站侧联跳命令时延时开出跳闸出口，切本站的并网开关。

（6）频率突变。当频率波动值超过所设定值时，保护动作。

在联络线投入运行前，保护应按规定投入运行，然后进行送电操作。联络线退出运行，先停联络线，然后退出孤岛保护。

7.16.2 故障及异常处理

（1）孤岛保护装置发生故障，应退出该故障装置，并退出其所有出口压板。

（2）孤岛保护装置动作的处理：

1）现场值班人员应立即向相关调度值班调度员汇报装置动作情况，并告知地区调控中心。

2）及时打印动作报告，记录装置动作信号，将其报送调度。

7.17 故障录波器

7.17.1 运行注意事项

故障录波器是电力系统事故及异常情况重要的自动记录装置，不得随意停用故障录波器，故障录波器的启停用均需按调度命令执行。故障录波器起动条件：过电压、低电压、过电流、零序电流、零序电压、电压突变、频率波动、系统振荡等。

故障录波器运行注意事项如下：

（1）故障录波器须随一次设备投入正常投入运行，不得随意停用故障录波器，故障录波器的启停用均需按调度命令执行。

（2）故障录波器中已设置的数据及参数储能站运维人员不得进行变更操作，发现参数有异常的应及时汇报所属调度及保护专责。

（3）故障录波装置异常时，应汇报值班调度员，并尽快通知检修人员处理。当故障录波装置及故障信息系统需停用时，必须向所属调度机构申请。

（4）除技术归口管理部门指定设备外，禁止使用任何移动介质连接故障录波装置。

（5）每周对故障录波装置进行一次手动启动录波检查，检查装置录入量的正确性，手动启动录波必须保证后台机最终形成录波文件，发现异常情况（报警、死机等）时应及时通知检修人员进行处理。

(6) 在故障录波器的交流电流回路上工作，应防止该电流回路短接而影响该电流回路其他保护的正常运行。

(7) 故障录波器动作后的处理：

1) 在系统发生故障或异常情况而形成录播图后，应记录好动作时间、了解系统故障性质、打印故障录波报告，并根据故障录波情况进一步进行故障分析。

2) 打印的故障录波报告须报送相关调度继保管理部门及保护专责，变电运维班应留一份进行存档，录波数据及分析应在第二次汇报时提供给当值值班调度员。

3) 应结合报告故障时间、故障元件、相别、故障电流、电压有效值、保护动作情况，检查录波图反映的模拟量、开关量、时间和测距进行分析。如发现录波报告异常应汇报所属调度机构，并尽快通知检修人员处理。

7.17.2 故障及异常处理

(1) 装置后台机死机或故障告警，应检查电源是否正常，电源线、数据线是否接触完好，若无法复归，应向调度申请，将后台机断电重启一次（此时不要动前置机，以免丢失数据)；如仍不能正常工作，应立即联系检修人员检查处理。

(2) 录波装置频繁启动，应检查频繁启动原因，并核对录波定值通知单，若为某项定值引起频繁启动，应及时联系定值通知单下达部门。

(3) 当装置各工作电源灯不亮时，应检查屏后电源快分开关是否跳闸。如站内电源正常，而录波装置电源无法投入，应汇报值班调度员，并通知检修人员处理。

(4) 录波装置时钟对时不正确，若对时系统无异常时，手动修正录波装置时间。检查录波装置通信是否正常，必要时向调度申请将故障录波装置断电重启一次。以上方法均不复归，则通知检修人员检查处理。

7.18 站端自动化系统

综合自动化系统是利用先进的计算机技术、现代电子技术、通信技术和信息处理技术等实现对二次设备（包括、保护、控制、测量、信号、故障录波、自动装置及远动装置等）的功能进行重新组合、优化设计，对储能站全部设备的运行情况执行监视、测量、控制和协调的一种综合性的自动化系统。

站端自动化系统主要包括：EMS 系统、测控装置、远动通信装置、网络通信设备、保护测控一体装置等。

储能监控功率控制系统包括自动功率控制 AGC 模块和自动电压控制 AVC 模块，系统自动接收调度指令或本地存储的计划曲线，采用安全、经济、优化的控制策略，通过对储能变流器（PCS）的调节，有效控制电池组有功、无功输出，形成对有功功率、电压/无功的完备控制体系。

7.18.1 运行注意事项

（1）巡视检查项目如下：

1）监控系统各设备及信息指示灯（电源指示灯、运行指示灯、设备运行监视灯、报警指示灯等）运行正常。

2）告警音响和事故音响良好。

3）监控后台与各测控装置通信正常。

4）监控系统与GPS对时正常。

5）监控后台上显示的一次设保护、自动装置、直流系统等状态与现场一致。

6）监控后台各运行参数正常、有无过负荷现象；母线电压三相平衡、正常；系统频率在规定的范围内；其他模拟量显示正常。

7）监控后台控制功能、数据采集与处理功能、报警功能、历史数据存储功能等正常，遥测数据正常刷新。

8）五防系统与监控后台通信正常，一次设备位置与后台一致。

9）监控系统各设备元件正常，接线紧固，有无过热、异味、冒烟、异响现象。

10）监控AGC、AVC通信状态、通信参数（调度有功控制目标、调度电压控制目标等）正常。

11）监控AGC、AVC系统的有功协调控制、电压/无功协调控制、SOC自动维护、异常监测触发调节、闭锁调节、远方就地切换等功能正常。

12）监控AGC、AVC的有功、无功/电压调节精度和调节速率正常。

（2）现场监控后台的操作和执行界面，必须具备设备间隔分画面和手动输入待操作设备编号的功能，以核对待操作设备正确；必须具备操作人、监护人分别输入操作密码的功能，以加强操作监护。

（3）运维人员必须按照权限级别对监控系统进行操作和管理，不得越级进行操作。

（4）严禁任何人在与网络相连的计算机（操作员站、工程师站、远动工作站等）上进行任何与运行监控无关的工作；运维人员不得使用系统管理员用户名进入系统更改数据库、画面等。

（5）许可检修人员在监控系统上开工以前以及办理工作终结手续后，运维人员均应告知地区调控监控人员。

（6）外来人员对监控系统只能进行监视和浏览画面，且必须先经过运维人员的允许后，才能进行必要操作。

（7）工程师工作站是用来对系统进行维护的，常规情况下，值班人员不得进行操作。

（8）值班人员操作口令必须妥善保管，操作口令及密码的管理按前述规定执行。

7.18.2 异常及故障处理

（1）正常运行时，若监控系统发生“死机”，则运维人员应根据现场实际情况将计算机重新启动。

1）一台操作员站死机：启动过程中应密切监视另一台操作员站（这台机器应自动切换为“主机”状态）对系统的监控情况，如启动后仍不能恢复，应告知监控人员，并立即通知维护人员进行处理。

2）两台操作员站死机：应逐台重启，若不能恢复，应告知监控人员，立即通知检修人员进行处理，并派专人到各保护小室、主变压器等处加强巡视，检查并监视监控系统间隔层设备运行情况；派专人到计算机室监视工程师工作站对系统的监控情况。

3）重启完成后应核对监控后台数据，观察遥信、遥测正确，遥测数据是否刷新，判断是否重启成功。

（2）监控后台遥控预置不成功的处理：

1）检查遥控对象是否有逻辑闭锁（五防工作站逻辑闭锁或测控装置逻辑闭锁），在不满足条件时禁止进行遥控。

2）检查测控装置面板及断路器“远方/就地”切换开关是否为“就地”状态。

3）检查测控装置是否通信中断。

（3）监控后台遥控执行不成功的处理：

1）一次设备已变位，应查找遥信上送不成功原因。

2）一次设备未发生变位，应检查测控装置遥控出口压板是否投入，并检查测控装置遥控预置记录及遥控执行记录，若为测控装置故障应联系检修人员处理。

（4）发生测控装置通信异常或数据不刷新，通过重启测控装置，一般可消除。测控装置重启步骤如下：

1）汇报调控中心，测控装置通信异常或数据不刷新，准备重启。

2）退出测控装置出口压板。

3）拉开测控装置电源。

4）合上测控装置电源。

5）检查测控装置运行指示灯、遥信遥测数据正确。

6）与监控后台数据核对正确。

7）投入该装置出口压板，装置恢复正常工作。

8）汇报调控中心并核对信号正确，测控装置重启完毕。

（5）当监控系统设备因故障停运或设备出现缺陷时，应通知及督促有关部门进行处理，并向调度汇报，必要时安排人员临时值班。紧急情况下，可先行将装置停用，派专人到现场加强巡视，并立即汇报。设备恢复运行后，应及时报告调度和有关部门。设备退出运行的原因、缺陷、时间、异常数据及处理经过等均应详细予以记录。

（6）微机监控系统突然断电，运维人员应立即查明原因，排除故障后按专用现场运行规程的规定重新启动监控系统。

（7）微机监控系统出现误动，运维人员应立即停止一切与微机监控系统有关的操作，查找原因并立即上报有关部门听候处理。

7.19 同 步 时 钟

同步时钟选用两路外部B码基准，提供高可靠性、高冗余度的时间基准信号，并采用先进的时间频率测控技术驯服晶振，使守时电路输出的时间同步信号精密同步在GPS/外部B码时间基准上，输出短时和长期的稳定度都十分优良的高精度同步信号。

7.19.1 运行注意事项

（1）检查系统时钟是否准确、一致。

（2）检查各种指示灯指示是否正常。

（3）有无异常声响和异味。

（4）与二次设备相连的接线应可靠，无松动、脱落现象。

7.19.2 常见异常及处理

（1）GPS装置常见异常包括：接触不良、天线中断、信号不稳、装置老化等。

1）接触不良：电源线接触不好导致GPS装置运行不正常闪屏或GPS输出信号线接触不好导致装置对时不准。

2）天线中断：天线外露部分被咬断或腐蚀，GPS主时钟屏面板不显示接收到的卫星数，GPS装置报天线告警、后台报对时异常。

3）信号不稳：光纤熔接耦合度不好或天线焊接不好，运行1～2年后信号衰减。

4）装置老化：GPS装置运行年限过长，内部元器件失效造成无法运行。

（2）同步时钟异常处理步骤如下：

1）当发现同步时钟对时异常后，首先检查主时钟屏是否正确接收到卫星信号，然后检查屏内信号输出是否无误，最后检查保护小室需对时装置的对时信号是否正常。

2）如同步时钟各时间信号输出无误，而保护装置或自动装置仍对时不成功，则可查看保护装置的对时方式是否有误，保护装置是否需添加外置模块等。

7.20 通 信 设 备

通信系统是储能重要组成部分，可分为光纤通信系统、通信专用电源。电池储能站通信系统主要功能有：保护业务、自动化业务数据、调度电话、行政电话、视频监控和生产MIS系统传输电路等。

7.20.1 巡视与检查

（1）运维人员负责储能站通信机房及通信设备的日常巡视。

（2）通信设备、机房动力环境等日常巡视应结合储能站正常巡视周期开展。日常巡视项目如下：

1）机房卫生条件良好，无灰尘。

2）通信设备所处房间，要保证空调良好，环境温度应在 10～28℃，不满足温度时，应开启空调。

3）通信设备所处房间防鼠板完好，房间无漏雨、墙皮无脱落、门窗无破损并关闭严密，消防设施齐全。

4）室内照明及事故照明应能正常开启。

5）各通信设备装置运行指示灯正常，无异响。

（3）运维人员在日常巡视的基础上，结合储能站全面巡视工作，还需要重点检查以下几方面的内容：

1）各通信机柜封堵完好，机房出入管孔封堵完好。

2）各通信设备装置运行指示灯正常。

3）通信电源交直流输入输出电压正常，交流输入电压应为 380V（－15％～＋10％），直流输出电压应在－48V（±10％），通信蓄电池无渗液、无变形。

4）站内构架处引下光缆无松动，引下钢管固定良好，钢管口封堵严密，线缆标牌齐全、完好。若站内有 OPGW 光缆引下线的，则需检查其余缆架和接头盒情况，应固定良好，无损伤和光缆散落现象。

5）结合滤波器固定牢固，无异响，且标识清楚。

（4）通信光缆日常巡视主要对通信线缆、金具、余缆架、引下线夹、接头盒和标牌等进行全面检查。

7.20.2 运维注意事项

（1）对储能站通信机房的消防器材、空调排风装置应列入定期检查、维护范围。

（2）通信机房内严禁存放易燃、易爆和腐蚀性物品，同时应备有适宜电气设备的消防器材，并保持完好。

7.20.3 检修后验收

（1）一类通信检修工作完成后，现场通信检修人员应通知现场电网设备运行负责人进行验收。在电网设备运行负责人核实涉及的继电保护、安全自动装置等电气设备已投入正常运行后，通信检修人员方可向通信调度申请竣工。

（2）通信检修工作完成后，现场运维人员应检查通信设备运行正常，空气开关位置正确，无异常告警信号和声音，站内保护设备通讯正常，如有通信停电申请单的，应先汇报通信调度，得到许可后方可终结工作。

（3）通信机房所有的金属外壳和其他金属构件必须有良好可靠的接地，接地电阻应符合设计规定。

7.20.4 异常及故障处理

（1）电力通信故障的处理原则是：先生产运行，后行政管理；先干线，后支线；先抢通，后调整。在规定时间内不能完成故障处理时，应主动向电力通信调度和相关部门说明情况。

（2）因装置故障造成保护通道故障时，应立即汇报调度和监控，无法继续运行的保护向调度申请退出；并立即通知专职和通信抢修人员及时安排抢修。

（3）当调度自动化人员反映储能站通信中断要求检查时，应注意检查通信室温湿度情况，是否有因空调损坏致使通信设备温度异常升高而造成死机的情况。

（4）电池储能站发生所用交流电源失电或交流电源切换后，储能站运维人员应检查48V通信电源情况，如有异常应立即汇报信通公司并联系变电检修人员同时到场处理。

7.21 站用电

电池储能站的站用交流系统是保证储能站安全可靠运行的重要环节。站用交流系统的主要负荷有：断路器机构储能及闸刀操作电源、充电机、逆变器、通信及自动化设备、消防、空调、照明、检修电源箱、雨水泵等。电池储能站根据规模配置一台所用变压器。低压侧设有闸刀和交流接触器供400V母线，400V一般为单母线，可以通过分支开关对负荷供电。站用交流电源系统额定电压为380/220V，采用三相四线制，频率50Hz。

7.21.1 巡视与检查

（1）站用变压器巡视检查项目。

1）正常巡视检查项目包括：①外观清洁，无漏油、变形，运行时无异常噪声，异常的振动或放电声。②油浸式变压器油温、油位指示正常。③套管瓷件清洁完好，有无破损、裂纹、闪络和放电痕迹。④高低压侧引线及接头无烧黑、无过热，连接金具紧固，无变形、松脱、锈蚀，两侧连接引线热缩完备。⑤气体继电器内充满油，连接阀门打开，监控后台无气体继电器动作报文。⑥有载调压控制箱内各控制选择开关位置正确，档位显示与机械指示一致，无异常信号。⑦呼吸器完好，油杯内油面、油色正常，呼吸畅通，受潮变色硅胶不超过2/3。⑧防爆膜完整，无漏油现象。⑨本体接地良好，设备基础无沉降、无裂纹。⑩干式站用变现场温、湿度显示正常，无异常升高、异味，散热系统运行正常，各柜门关闭牢固。

2）特殊巡视检查项目包括：①接地故障后，检查站用变及接头有无异状。②大雪天气时，检查各接触点发热情况。③大雾天气时，检查瓷套管有无放电现象，重点监视污秽瓷质部分。④雷雨天气后，检查瓷套管有无放电闪络。⑤大风天气应检查有无搭挂杂物。

（2）低压配电屏巡视检查项目。

1）站用交流系统运行方式正确、备自投切换正常，各支路指示灯应正常。

2）各低压断路器位置指示正确，防止并列的措施或标识完好，无异味异常声响。

3）站用电三相负荷平衡，母线电压正常，低压熔断器无熔断。

4）低压母线伸缩接头无松动，接头线夹无变色、氧化、发热等现象。

5）各元件标识清楚，柜体接地良好，柜门上锁。

6）配电室门窗应关闭严密，照明、通风完好，房屋无漏水，温度正常，消防设施完好。

7.21.2 运行注意事项

（1）站用变压器送电的原则：先高压侧，后低压侧，再馈线侧；停电顺序与之相反。

（2）油浸式站用变压器的上层油温不得超过 95℃，温升不得超过 55℃。正常运行时，上层油温不宜经常超过 85℃。干式变压器线圈最高温度不超过 155℃。

（3）站用变压器的运行电压一般不得超过相应分接头额定电压的 105%，或按厂家规定执行。站用变压器可在正常过负荷和事故过负荷的情况下运行。

（4）若站内一台站用变压器检修，仅剩一台站用变压器运行，应在停电前预备柴油发电机作为备用，站内运维人员应掌握柴油发电机使用方法，并告地区调控中心加强监视，一旦发生站用电失压，应立即将柴油发电机接入代供站用交流负荷。

（5）所用交流电压值为 380～420V，且三相不平衡值应小于 10V。如发现电压值过高或过低，应立即安排调整站用变分接头，三相负载应均衡分配。

（6）交流回路中的各级保险、快分开关容量的配合每年进行一次核对，并对快分开关、熔丝（熔片）逐一进行检查，不良者予以更换。

（7）电池储能站内的备用站用变压器（一次不带电）每年应进行一次启动试验，试验操作方法列入现场专用运行规程；长期不运行的站用变每年应带电运行一段时间。

（8）检修电源箱应装设漏电保安器，每月应进行一次动作试验。

（9）站用电系统的运行操作和事故处理由运维人员自行调度，但必须根据班长或值班负责人命令执行。

（10）新投运站用变压器或低压回路进行拆动接线工作后恢复时，必须进行核相。

（11）进行站用电切换操作时须严禁站用变压器低压侧并列，严防造成站用变压器倒送电。

（12）站用电备用电源自投装置动作后，应检查站用电的切换情况是否正常，应详细检查：直流系统，UPS 系统，主变压器冷却系统运行是否正常。站用电正常工作电源恢复后，备用电源自投装置不能自动恢复正常工作电源的须人工进行恢复。

（13）站用交流环网严禁合环运行，切换操作应遵循先拉开后合上的原则。

（14）更换交流电源保险时，应先切除负载，再断开电源，所换保险与原保险规格应相同，换上同规格的保险后，再合上电源。

7.21.3 检修后的验收

（1）外壳密封完好，无渗油、无锈蚀，散热片、油枕无变形渗漏，油位正常。

（2）瓷套清洁，完整无裂纹。各侧引线排列整齐、相序标志齐全，绝缘护套完好。

（3）气体继电器完好，气体继电器内无气体，防雨措施完好，接点动作正确，校验合格。

（4）分接开关外观密封无渗油，油位正常，操作可靠；分接头与档位指示位置正确，指示一致。

（5）大修后的有载调压开关至少操作一个循环，各项指示应正确，极限位置的电气闭锁可靠。

（6）无载调压开关在改变分接头后，在投运前需测量直流电阻及变比，试验合格。

（7）防爆管的呼吸孔畅通，防爆膜完好，压力释放阀的信号触点和动作指示杆应复位。

（8）温度计温度整定符合定值要求，接点动作正确。

（9）呼吸器与油枕连接牢固、密封良好，管道无锈蚀；呼吸器清洁透明吸湿剂干燥无变色，油封环油面适当。

（10）箱体双接地完整，各接地点牢固，接地螺栓无锈蚀。

（11）保护屏内二次接线、保护接地符合要求，屏内清洁无杂物，端子无松动，线头无外露，掉牌齐全，标示清晰，保护接地牢固，保险接触良好，快分开关动作正确；各快分开关或熔断器、其他各元件的用途、名称标识应清楚，并掉牌。

（12）全面核对全套保护定值均正确无误。

（13）所有缺陷已消除并经验收合格。

（14）各项试验结果合格，试验报告齐全。

7.21.4　异常及故障处理

（1）站用电故障及异常情况处理的一般原则。

1）站用电失电，应尽快查明原因，隔离故障点，尽快恢复送电，事故处理过程中应充分考虑站用电失电对重要负荷的影响。

2）站用电故障跳闸，经检查无法找到明显故障点时，可采用分段逐路试送的办法，找到故障支路后，应尽快隔离修复。

3）站用电失压，运维人员查明原因后可不经调度进行站用电恢复供电。

（2）站用变压器有下列情况之一者，应立即汇报调度和分部，将其停用。

1）站用变压器内部响声很大，很不均匀，有爆裂声。

2）站用变压器喷油或冒烟。

3）在正常负荷和冷却条件下，站用变压器温度不正常并不断上升。

4）站用变压器严重漏油使油面下降，低于油位计的指示限度。

5）站用变压器套管有严重的破损和放电现象。

6）站用变压器着火。

（3）站用电系统常见异常的处理。

1）站用变压器电流保护（包括速断，过流保护）动作跳闸后，应首先检查站用变压器本体有无故障。还应注意380V设备有无短路故障而越级跳闸的可能，在未查明故障点的情况下，不得将设备投入运行。

2）油浸式站用变压器瓦斯保护动作跳闸后，应立即汇报调度，并迅速对变压器外部进行检查并取气，未查明原因和消除故障前，不得将变压器投入运行。

3）油浸式站用变压器轻瓦斯动作发信后，应立即对变压器进行检查并收集气体鉴别故障性质，汇报调度及分部。

4）站用变压器跳闸后，若有备自投功能，而且自投成功，则检查动作信号、开关位置及直流系统、UPS 系统、主变压器风冷运行正常，做好记录并汇报分部。若无自投或自投未动，应先检查有无明显故障，如无故障则手动投入备用电源。

5）若发生 380V 系统故障，该支路上的快分开关将会跳开，运维人员应迅速查明该故障位置及性质，迅速排除故障。当故障不能及时处理时，应考虑将故障点隔离。隔离故障点时，应考虑其环网性（双电源供给的两侧空气开关均要断开）。隔离要彻底，隔离范围不准扩大。

6）若交流配电屏各支路的空气开关跳闸时，允许立即强送一次，如不成功，则查明事故原因，将失电支路的负荷转到另一段母线供电；由于站内负荷是双电源供电，只需将另外一路电源开关合上。经仔细检查该支路情况后，异常还不能消除，则根据缺陷管理规定，进入缺陷处理流程。

7）当各分支路配电箱的熔丝熔断时，允许用相同规格的熔丝更换一次，若投入后再次熔断则应查明原因，消除故障后再送。严禁增大熔丝规格或采用铜丝代替。若故障不能消除，则根据缺陷管理规定，进入缺陷处理流程。

7.22 直流系统

电池储能站直流系统通常采用 220V 分段直流母线一台充电装置一组蓄电池的接线方式，重要储能站直流系统可采用 220V 两段直流母线两台充电装置两组蓄电池的接线方式。每组蓄电池和充电机应分别接于一段直流母线上。充电装置应两路交流输入（分别来自站用系统不同母线上的出线）互为备用，当运行的交流输入失去时能自动切换到备用交流输入供电。

7.22.1 巡视与检查

（1）蓄电池室巡视检查项目。

1）蓄电池室无易燃、易爆物品；空调设置为自动 25℃，自动启停正常。蓄电池室温度宜保持 5～30℃，最高不得超过 35℃，并检查通风、照明、消防设施完好。

2）蓄电池室门窗关闭严密并采取防止阳光直射的措施，玻璃完整，房屋无渗、漏水现象，防鼠挡板完好。

3）蓄电池组外观清洁，无短路、接地。

4）蓄电池壳体无渗漏、无变形；连接条无腐蚀、无松动，构架、护管接地良好。

5）蓄电池逐个编号，由正极按序排列整齐；安装布线整齐，极性标志清晰、正确。

6）蓄电池电压在合格范围内，浮充单体电压为2.23～2.28V。

7）电池巡检采集单元运行正常。

8）每周对典型电池进行一次抽测，每月对蓄电池组进行一次普测并进行蓄电池室清扫，每半年对蓄电池组所有单体进行内阻测试。

（2）充电屏巡视检查项目。

1）监控装置“运行”灯亮，面板工作正常，无花屏、死机现象，无告警信号报出。

2）充电模块运行正常，无报警信号，风扇正常运转，无明显噪声或异常发热。

3）充电屏交流输入电压值、直流输出电压值、直流输出电流值显示正确。

4）充电屏各元件标识正确可靠，空气开关、操作把手位置正确。

5）屏柜（前、后）门接地可靠。风冷装置运行正常，滤网无积灰。

6）蓄电池组输出熔断器运行正常、辅助报警接点工作正常。

7）每月进行一次清扫、检查维护，确认各回路及元件的完备、完好。

8）备用充电机应每半年进行一次切换试验，带负荷运行一段时间，以确保其处于良好状态。

（3）馈电屏巡视检查项目。

1）屏内清洁、无异常气味。

2）屏门开、合自如，屏柜（前、后）门接地可靠否。

3）检查空开位置正常，所对应的指示灯点亮。

4）直流电源设备标识清晰，无脱落。

5）绝缘监察装置巡检正常，无接地报警，正对地和负对地绝缘状态良好。

6）每月进行一次清扫、检查维护，确认各回路及元件的完备、完好。

（4）事故照明屏巡检检查项目。

1）测量屏上交、直流电压正常，表计指示正确。

2）屏柜（前、后）门接地可靠否，柜体上各元件标识正确可靠否。

3）每月进行一次切换检查，确认切换回路及元件的完备、完好。

7.22.2 运行注意事项

（1）蓄电池室内禁止点火、吸烟，并在门上贴有“严禁烟火”警示牌，严禁明火靠近蓄电池。

（2）浮充电运行的蓄电池组，除制造厂有特殊规定外，应采用恒压方式进行浮充电。浮充电时，严格控制单体电池的浮充电压上、下限，每个月至少以此对蓄电池组所有的单体浮充端电压进行测量记录，防止蓄电池因充电电压过高或过低而损坏。

（3）电池连续浮充90天以上或交流电源中断时间10min后恢复供电时，蓄电池将自动进入均充状态；如需要对电池进行人工均充时，只需按一下面板上的“均/浮”按键，充电机就会自动进入均充状态。发现充电状态不正确应立即汇报检修人员，进行及时处理。

(4) 具备两组蓄电池的直流系统应采用母线分段运行方式，每段母线应分别采用独立的蓄电池组供电，并在两段直流母线之间设联络开关或刀闸，正常运行时该联络开关或刀闸应处于断开位置。

(5) 正常运行方式下不允许两段直流母线并列运行，只有在切换直流电源过程中，才允许两段直流母线短时并列，且应首先检查确保电压极性一致，并列时压差不超过 5V，禁止在两系统都存在接地故障情况下进行切换。

(6) 直流母线在正常运行和改变运行方式的操作中，严禁发生直流母线无蓄电池组的运行方式。

(7) 电池储能站直流系统的馈出网络应采用辐射状供电方式，严禁采用环状供电方式。

(8) 充电、浮充电装置在检修结束恢复运行时，应先合交流侧开关，再带直流负荷。取下熔丝时，应先取下正电源熔丝后取下负电源熔丝。装上时，则先放负电源，然后再放上正电源熔丝。

(9) 直流配电的各级熔丝，必须按照有关规程及图纸设计要求放置。电池储能站现场应有各级交、直流熔丝配置图或配置表，各级直流熔丝（或空气开关）按照必须具有 3～4 级保护级差的原则进行配置，各熔丝的标签牌上须注明其熔丝的规格及额定电流值。

(10) 直流电源系统同一条支路中熔断器与空气断路器不应混用，尤其不应在空气断路器的上级使用熔断器。防止在回路故障时失去动作选择性。严禁直流回路使用交流空气断路器。

(11) 新建或改造的电池储能站，直流系统绝缘监测装置，应具备交流窜直流故障的测记和报警功能。对于不具备此项功能的直流系统绝缘监测装置，应逐步进行改造，使其具备交流窜直流故障的测记和报警功能。

(12) 备用充电装置每季度定期切换检查一次，确保在可用状态。

(13) 直流装置在运行过程中严禁擅自修改相关参数。

(14) 镉镍蓄电池组运行注意事项。

1) 镉镍蓄电池组正常应以浮充电方式运行，高倍率镉镍蓄电池浮充电压和均衡充电应在合格范围内。

2) 镉镍蓄电池的液面高度应保持在中线，当液面偏低时，应注入纯蒸馏水，使整组蓄电池液面保持一致。每三年应更换一次电解液。

3) 当镉镍蓄电池“爬碱”时，应及时将蓄电池壳体上的“爬碱”擦干净，或者更换为不会产生爬碱的新型大壳体镉镍蓄电池。

4) 核对性放电：运行中的镉镍蓄电池组，每年宜进行一次全核对性放电。若具有两组蓄电池时，则一组运行，另一组断开负荷进行全核对性放电。放电用 I5（额定电容/5）恒流，在放电过程中，每隔 0.5h 记录一次蓄电池组端电压值。每隔 1h 测量一次每个蓄电池的电压值。若放充三次均达不到蓄电池额定容量的 80%以上，则应安排更换。

(15) 阀控蓄电池组运行注意事项。

1) 阀控蓄电池组正常应以浮充电方式运行，浮充电压和均衡充电应控制在合格范围内。

2）新安装或大修后的阀控蓄电池组，应进行核对性充放电试验，以后每隔 2 年进行一次核对性充放电试验，运行 4 年以后，应每年作一次核对性充放电试验；备用搁置的阀控蓄电池，每 3 个月进行一次补充充电。

3）两组阀控蓄电池，可先对其中一组阀控蓄电池组进行全核对性放电，用 I10 电流恒流放电，当蓄电池组端电压下降到警戒值时，停止放电，隔 1～2h 后，再用 I10 电流进行恒流限压充电→恒压充电→浮充电。反复 2～3 次，蓄电池存在的问题也能查出，容量也能得到恢复。若经过 3 次全核对性充放电，蓄电池组容量均达不到额定容量的 80%以上，可认为此组阀控蓄电池使用年限已到，应安排更换。

4）阀控蓄电池室的温度宜保持在 5～30℃，最高不应超过 35℃。室温超出范围时应采取相应的加热或降温措施。

7.22.3 检修后的验收

（1）检修后应进行必要的特性试验，试验项目参照出厂试验项目，试验数据和结果应符合相关标准的要求。

（2）充电屏、充电装置验收，应进行下列检查。

1）设备屏、柜内所装电器元件齐全完好，安装位置正确、牢固。

2）柜内二次接线应正确，连接可靠，标志齐全、清晰，绝缘符合要求，封堵良好。

3）设备屏、柜的固定及接地可靠，柜外防腐涂层应完好。

4）设备上电运行正常，无异常告警，无花屏，参数设置正确。

5）试操作及联动试验正确，交流电源切换可靠，符合设计要求。

（3）蓄电池验收，应进行下列检查。

1）蓄电池外壳清洁、完好，密封电池无渗液。

2）蓄电池编号正确，由正极按序排列，蓄电池组绝缘良好。

3）蓄电池安装布线应排列整齐，极性标志清晰、正确。

4）直流系统的电缆为阻燃电缆，蓄电池电缆外加穿金属套管。

5）蓄电池组出口回熔断器配置符合蓄电池容量数要求。

6）蓄电池室通风、调温、照明等装置完好，符合设计要求。

（4）绝缘监测装置验收，应进行下列检查。

1）液晶显示正常，监测装置的电压显示和实测电压值应一致。

2）装置外部接线正确，传感器位置安装正确；装置开关机正常，指示灯指示正确。

3）装置初始菜单正常，运行参数设置正确，符合运行要求。

4）接地试验正确、合格，回路绝缘异常告警信号正常上传，直流屏告警信号灯指示正常。

7.22.4 故障及异常处理

（1）充电模块故障处理。以下情况可判断为充电模块故障，应退出故障模块，联系检修人员更换充电模块。

1）充电模块交流空开跳开，手动合上后即跳闸。

2）充电模块运行指示灯不亮或液晶显示屏黑屏。

3）模块风扇故障，模块不工作。

4）模块自动退出运行，充电装置报模块故障。

（2）充电机交流电源故障处理。

1）充电装置报交流故障，应检查充电装置交流电源快分开关是否正常合闸，进出两侧电压是否正常，不正常时应向电源侧逐级检查并处理，当交流电源快分开关进出两侧电压正常，交流接触器可靠动作、触点接触良好，而装置仍报交流故障，则通知检修人员检查处理。

2）交流电源故障较长时间不能恢复时，应尽可能减少直流负载输出（如事故照明、UPS、在线监测装置等非一次系统保护电源）并尽可能采取措施恢复交流电源及充电装置的正常运行，并汇报分部分管领导及公司生产调度，联系检修人员尽快处理。

3）当交流电源故障较长时间不能恢复，使蓄电池组放出容量超过其额定容量的 20%及以上时，在恢复交流电源供电后，应立即手动或自动启动充电装置，按照制造厂或按恒流限压充电→恒压充电→浮充电方式对蓄电池组进行补充充电。

（3）蓄电池单个电池电压异常处理。

1）运行中的蓄电池应及时进行均衡充电的情况：①被确定为欠充的蓄电池组。②蓄电池放电后未能及时充电的蓄电池组。③交流电源中断或充电装置发生故障使蓄电池组放出近一半容量，未及时充电的蓄电池组。④运行中因故停运时间长达两个月及以上的蓄电池组。⑤单体电池端电压偏差超过允许值的电池数量达总电池数量的 3%～5%电的蓄电池组。

2）蓄电池单个电池内阻异常处理：①单个蓄电池内阻与制造厂提供的内阻基准值偏差超过 10%及以上的蓄电池应加强关注。②对于内阻偏差值为 20%～50%的蓄电池，应通知检修人员进行活化修复。③对于内阻偏差值超过 50%及以上的蓄电池则应立即退出或更换这个蓄电池。④如超标电池的数量达到总组的 20%以上时，应更换整组蓄电池。

3）如蓄电池组中发现个别落后电池时，不允许长时间保留在组内运行，应记录缺陷并汇报检修人员进行个别蓄电池活化或更换处理。

（4）蓄电池组熔断器异常处理。

1）主熔断器、辅助信号熔断器均正常，则为误报，通知检修人员处理。

2）主熔断器正常、辅助信号熔断器熔断，更换辅助信号熔断器。

3）主熔断器熔断时，应检查蓄电池组、直流母线及相应元器件无短路现象，更换同型号、同容量熔断器，如再次熔断，需进一步查明原因。注意更换熔断器时做好相应安全措施。

（5）直流接地处理。

1）对于 220V 直流系统两极对地电压绝对值差超过 40V 或绝缘电阻降低到 25kΩ 以下，应视为直流系统接地。

2）直流系统接地后，运维人员应记录时间、接地极、绝缘监测装置提示的支路号和绝缘电阻等信息，汇报调度及专业人员。

3）出现直流系统接地故障时应及时消除，同一直流母线段，当出现同时两点接地时，应立即采取措施消除，避免由于直流同一母线两点接地，造成保护或开关误动故障。直流接地查找方法及步骤：①发生直流接地后，应分析是否天气原因或二次回路上有工作，如二次回路上有工作或有检修试验工作时，应立即拉开直流试验电源看是否为检修工作所引起。②比较潮湿的天气，应首先重点对端子箱和机构箱直流端子排做一次检查，对凝露的端子排用干抹布擦干或用电吹风烘干，并将驱潮加热器投入。③对于非控制及保护回路，可使用拉路法进行直流接地查找；按事故照明、防误闭锁装置回路、户外合闸（储能）回路、户内合闸（储能）回路的顺序进行；其他回路的查找，应在检修人员到现场后，配合进行查找并处理。④保护及控制回路宜采用便携式仪器带电查找的方式进行，如需采用拉路的方法，应向调度申请，退出可能误动的保护。⑤用拉路法检查未找出直流接地回路，则接地故障点可能出现在母线、充电装置、蓄电池等回路上，也可认为是两点以上多点接地或一点接地通过寄生回路引起的多个回路接地，此时可用转移负荷法进行查找。将所有直流负荷转移至一块主充电屏，用另一块主充电屏单供某一回路，检查其是否接地，所有回路均做完试验检查后，则可以检查发现所有发生接地故障的回路。⑥查找直流接地注意事项：查找接地点禁止使用灯泡寻找的方法；用仪表检查时所用仪表的内阻不应低于2000Ω/V；当直流发生接地时禁止在二次回路上工作；处理时不得造成直流短路和另一点接地；查找和处理必须由两人进行；拉路前应采取必要措施防止直流失电可能引起保护自动装置误动。

（6）监控装置故障。

1）微机监控装置无显示，应先检查装置的电源快分开关是否正常投入，电压是否正常，若不正常应逐级向电源侧检查并处理；当电压正常，而装置仍无显示则通知检修人员处理。

2）微机监控装置显示异常，按复位键或拉合电源开关重新启动装置，仍显示异常则通知检修人员处理。

3）监控装置与上位机通信失败，检查通信线连接回路有无明显问题后通知检修人员处理。

4）当微机监控装置故障跳闸时，若有备用监控装置，应及时启动备用监控装置代替故障监控装置运行，并及时调整好运行参数。无备用监控装置时，应将负荷转至正常充电装置，并通知检修人员尽快处理。

（7）事故照明切换故障。

1）查看事故切换屏电气图纸，准备好合格工器具。

2）用万用表分别检查交流、直流，确认是否有压。

3）若检查交流、直流输入均正常，应检查接触器线圈及接点是否完好，若未接触器故障应更换接触器，并采取方法及时恢复照明。

7.23 UPS 不间断电源系统

UPS 是交流不停电电源的简称。主要为储能站计算机监控系统、关口电能计量、调度数据远动传输系统、站用级 GPS 系统等不能中断供电的重要负荷提供电源。UPS 主要功能是：在正常、异常和供电中断事故情况下，均能向重要用电设备及系统提供安全、可靠、稳定、不间断、不受倒闸操作影响的交流电源。站用 UPS 应采用两路站用交流输入、一路直流输入，两台 UPS 装置的直流输入采用不同直流母线输入，不自带蓄电池，直流输入取自站内直流电源系统。

7.23.1 巡视与检查

（1）UPS 装置运行状态的指示信号灯正常，交流输入电压、直流输入电压、交流输出电压、交流输出电流正常，运行参数值正常，无故障、报警信息。

（2）各切换开关位置正确，运行良好；各负荷支路的运行监视信号完好、指示正常，熔断器无熔断，自动空气开关位置正确。

（3）UPS 装置温度正常，清洁，通风良好。

（4）UPS 装置内各部分无过热、无松动现场，各灯光指示正确。

7.23.2 运行注意事项

（1）逆变器有以下几种运行状态。

1）交流运行状态指逆变器交流输入正常，将输入的交流整流、逆变后输出交流电压。

2）直流运行状态：当逆变器的交流输入失去，直流输入正常时，逆变器将输入的直流进行逆变后输出交流电压。

3）自动旁路状态：逆变器开机时，首先运行于该状态。如输出大于额定输出功率时，将自动切至旁路状态。当逆变器出现故障时，逆变器自动切至旁路状态。逆变器在自动切至旁路状态的过程中会伴随出现“逆变器故障”信号出现，如逆变器本身并无故障，切至旁路状态后该信号会自动消失。

4）手动旁路状态：当逆变器有检修工作时，手动操作此旁路开关至“旁路”位置，即由交流输入直接供电。

（2）当 UPS 系统在正常交流电源状态下连续运行时间超过三个月时，应做切换试验，以验证其直流运行状态良好，即拉开 UPS 屏上交流输入空气开关，使逆变器应自动转入直流运行状态运行，检查运行应正常，相关的声光信号正确。然后合上交流输入开关，恢复其正常的交流运行状态。

（3）UPS 装置应具备防止过负荷及外部短路的保护，交流电源输入回路中应有涌流抑制措施，其旁路电源需经隔离变压器进行隔离。

（4）UPS 负荷空开跳开后，应注意检查所带负荷回路绝缘是否有问题，检查没有明显故障点后可以试分合一次空开。

（5）UPS 装置自动旁路后，因检查 UPS 自动旁路的原因，短时间无法判断故障点时，应进行操作，用另一台UPS代所有UPS负荷运行，将故障UPS隔离后做进一步检查，必要时因通知检修或厂家进站检查，严禁运维人员私自拆开UPS装置进行检查。

（6）运维人员应按规定定期进行蓄电池维护检查工作，确保UPS的直流供电稳定可靠。

7.23.3 检修后验收

（1）各元器件无缺陷，接线正确、紧固，标识正确清楚，符合投运条件。

（2）屏内各装置显示、指示正确，屏内清洁、无杂物。

（3）二次接线正确，连接可靠，标志齐全、清晰，绝缘符合要求。对新投入和大修后的UPS整流器，在投运前还应核对相序和极性。

（4）系统各开关均在“断开”位置，柜内整流器电源输入电压正常。

7.23.4 异常及故障处理

（1）逆变器报交流输入或直流输入故障时，应是相应输入电源故障，此时运维人员应尽快查找原因，设法立即恢复，如无法立即恢复，应做好防止另一电源失去的措施，并汇报分部，立即增派人手处理。

（2）当UPS过载或UPS内部故障时，此时UPS应工作于旁路状态，应到现场确认是过载还是UPS内部故障，如过载则应转移负荷；如UPS内部故障，则应将该UPS所供母线上的所有负荷转移到另外一条母线上。

（3）静态开关闭锁故障（系统切至旁路电源后，不能实现从旁路向逆变器供电的转换）。

1）按下“复归”按钮，复归信号灯亮。

2）按下“逆变”开关，将UPS退出系统，手动合上外部“旁路”开关。

3）检查是否由过载引起，如是过载，则应减载。

4）如非过载所致，应检查出原因并排除故障。

7.24 防误闭锁装置

防误闭锁装置是保证倒闸操作正确实施的重要措施之一，对防止电气误操作事故发生起到了很大的作用。防误装置的“五防”功能分别为：防止误拉合断路器、防止带负荷拉合隔离开关、防止误入带电间隔、防止带地线（接地刀闸）合隔离开关，防止带电挂地线（或合接地刀闸）。防误闭锁装置主要包括：微机防误、电气闭锁、电磁闭锁、机械联锁、机械程序锁、机械锁、带电显示装置等。

7.24.1 运行注意事项

（1）防误装置应与新建、改造电气设备同步设计、同步施工、同步验收投运，保证防误装置安装率、投运率、完好率100%，保证防误闭锁全面性、强制性功能要求。对于未安装防误装置或防误装置验收不合格的设备，有权拒绝该设备投入运行。

（2）“五防”功能原则上必须采取强制性防止电气误操作措施。强制性防止电气误操作措施指：在设备的电动操作控制回路中串联以闭锁回路控制的接点或锁具，在设备的手动操控部件上加装受闭锁回路控制的锁具，同时尽可能按技术条件的要求防止走空程操作。

（3）运维人员应熟悉《电池储能电站现场通用运行规程》并对防误装置做到“四懂三会”（懂原理、性能、结构和操作程序；会操作、安装、维护）。新上岗的运维人员应进行使用防误装置的培训。

（4）微机防误装置应与后台监控实现通信，防误装置一次接线图中断路器、隔离开关位置应由后台监控提供实遥信。

（5）当后台监控防误闭锁系统主站与子站的通信出现问题时，通信维护单位应负责配合检查通道是否完好。

（6）严禁操作人员对设备进行置位。

（7）微机防误装置的运行巡视及缺陷管理应等同主设备对待。防误装置发生的缺陷做严重缺陷上报。凡是因防误装置的原因而导致倒闸操作无法进行的缺陷均应定为危急缺陷，除此之外的防误装置缺陷定为一般缺陷。

（8）以任何形式部分或全部解除防误装置功能的电气操作，均视作解锁。

（9）正常情况下，防误装置严禁解锁或退出运行。停用防误闭锁装置要经本企业生产领导（总工程师）批准，并报有关部门备案，同时要制定并落实相应的防误措施。

（10）防误装置的解锁工具（钥匙）或备用解锁工具（钥匙）必须采用专用钥匙箱妥善封存保管，并制定管理制度。管理制度内容包括：倒闸操作、检修工作、事故处理、特殊操作和装置异常等情况下的解锁申请、批准、解锁监护、解锁使用记录等解锁规定；微机防误装置授权密码和解锁钥匙应同时封存。

（11）微机防误主机必须配备 UPS 不间断稳压电源以保护电脑的安全。运维人员不得在微机防误电脑上作无关的操作，不得自己携带存储设备在电脑上使用。

（12）运维单位负责微机防误装置的主机、模拟屏、电脑钥匙、机械编码锁的维修，应每月定期对电脑钥匙（包括备用电脑钥匙）及锁具进行一次维护检查，每半年进行一次锁码核对及防误逻辑检查。

（13）防误装置应做到防尘、防锈、防异物、不卡涩；户外的防误装置还应有防水、防潮的措施；并满足大气暴露试验要求。

（14）成套高压开关设备应具有机械联锁或电气闭锁；电气设备的电动或手动操作闸刀必须具有强制防止电气误操作闭锁功能。

（15）断路器和隔离开关电气闭锁回路应直接使用断路器和隔离开关的辅助接点，严禁使用重动继电器。

7.24.2 异常及故障处理

（1）电脑钥匙不能接收操作票。

1）检查电脑钥匙内有操作票，如果有票在内则将钥匙内任务回传防误主机或者钥匙清票后再接收新的操作任务。

2）可能是电脑钥匙故障，更换电脑钥匙，将故障钥匙返厂维修。

3）检查电脑与传输适配器通信情况如正常，更换传输适配器。

4）检查电脑与传输适配器通信情况，如中断则检查电脑串口是否正常、与传输适配器连接的数据线是否破损，如正常则重新安装微机五防程序、自学电脑钥匙，如不正常则更换传输适配器。

（2）电脑钥匙无法完成本步操作。

1）机械锁内部卡涩或损坏，更换机械锁即可。

2）电脑钥匙电压不足，电脑钥匙充满电或更换电池后重新使用。

3）电编码锁接线松动，检查电编码锁接线并恢复。

4）当锁具锁码芯片损坏时，更换锁码芯片，手动输入新锁码芯片编码代替原锁码芯片编码，并电脑自学或对应采集锁码。

5）电脑钥匙解锁机构故障或内部继电器故障，应更换电脑钥匙。

（3）微机五防程序不能正常运行，重新安装微机五防程序，将备份数据库覆盖微机五防程序安装盘符数据库，电脑钥匙自学。

（4）微机五防电脑不能正常开机，应有备用电脑重新安装微机五防程序，将备份数据库覆盖安装盘数据库，电脑钥匙自学。如无备用电脑或无微机五防安装程序及微机五防备份数据库则通知厂家人员处理。

（5）防误装置解锁操作批准程序。

1）倒闸操作过程中，当防误装置发生异常而又必须继续操作时，操作人员应立即汇报当值值班负责人，值班负责人查明现场情况后，汇报上级部门防误专责，上级部门防误专责或经上级部门指定运维班班组长及以上的人员到现场核实情况无误并签字后，通过远程防误解锁网络系统申请解锁，上级部门防误专责批准后远程开启钥匙管理机。

2）当电池储能站现场计划性检修、消缺、设备特巡等工作需使用解锁钥匙时，由值班负责人通过远程解锁网络系统申请解锁，经上级部门防误专责核实情况无误后，远程批准开启钥匙管理机。

3）解锁操作的第二监护人应指定按照以下要求执行：谁批准解锁，谁负责明确现场解锁操作的第二监护人；解锁操作须在第二监护人和操作监护人的共同监督下进行，第二监护人还应监督操作人员及时将解锁钥匙归位并告知上级部门防误专责。

4）凡是解锁操作，都必须办理万能解锁钥匙使用登记手续；并在现场把关人员和第二监护人的监督下，由运维人员负责进行解锁。

5）运维人员只有在发生危及人身、设备和电网安全的事故、障碍和异常情况下，才能敲击玻璃，使用存放在贴封专用盒内的万能解锁钥匙进行解锁操作。使用完后按原方式再次封存。

6）电池储能站必须配备防误装置解锁钥匙解锁操作记录簿，放置在现场，每次使用解锁钥匙解锁操作后应认真做好记录分析。

7.25 消 防 设 施

电池储能站的消防设施由火灾自动报警系统、灭火系统（消火栓系统、水喷雾灭火系统等)、供水设施、消防器材等组成。

7.25.1 巡视与检查

(1) 火灾报警装置。

1) 消防主机各指示灯显示正常，无异常报警。

2) 备用电源可正常供电。

3) 触发装置工作指示灯正常。

4) 打印纸数量充足。

(2) 柜式七氟丙烷灭火装置。

1) 柜式七氟丙烷灭火装置压力正常。

2) 七氟丙烷管网、喷头完好。

3) 自动报警控制器无报警信号。

4) 感温探测器、感烟探测器线路完好。

(3) 消防器材。

1) 消防器材检验不超期，合格证齐全。

2) 消防器材数量和存放符合要求。

3) 灭火器压力正常。

(4) 消防用水系统的管网、消防栓、消防泵应完好，水压充足，高压水龙带、连接头、水枪按定置存放，保持状态完好。

(5) 消防水系统的水泵、管路和消防栓、水龙带等消防设施应始终保持完好。

(6) 每年冬季到来前，应全面检查上下水管道的保温防冻工作，防止低温季节水管冻裂。

7.25.2 异常及故障处理

(1) 火灾报警控制系统故障。

1) 检查各部位消防报警探头是否正常，如主机发生故障应及时通知维护人员处理。

2) 误报或故障按“消音”“复位”键进行处理。

3) 复归不掉或无法处理的，对装置异常情况做好记录，按照缺陷管理流程联系处理。

(2) 消防水泵或补充水泵不能正常工作。

1) 控制装置故障：检查控制开关、联锁开关位置是否正确，水位感应装置是否正常，接线是否松动等，如不能恢复则报维护人员处理。

2) 动力电源问题：检查动力电源是否正常，如电源不能恢复则报维护人员处理。

3) 消防水池水位低：补充消防水。

7.26 其他辅助设施

电池储能站安防设施以出入口安全控制、防火、防盗、防破坏、视频记录与监视为目的，由脉冲式电子围栏、红外对射、室内入侵防盗报警装置、安防视频监控系统、辅助灯光照明装置、门禁系统、火灾自动报警装置、实体防护设施等构成。站端视频监控系统由视频管理单元和前端设备构成，实现对站内设备的外观运行状态、安防告警、辅助设备（空调、风机、灯光、排水泵等）的监控。电池储能站的排水系统由排水泵、控制装置、集水井、排水管网等组成，目的将储能站雨水及时排出站外。

7.26.1 视频监控系统

（1）巡视与检查。

1）储能站主机运行正常、画面清晰，摄像机控制灵活，传感器运行正常。

2）视频主机屏上各指示灯正常，网络连接完好，交换机（网桥）指示灯正常。

3）摄像机镜头清洁，显示器显示各摄像机图像清晰正常。

4）枪式云台摄像机接线正常，无缠绕、脱落、挣断。

5）信号线和电源引线安装牢固，无松动及风偏现象。

6）遥视系统工作电源及设备应正常，无影响运行的缺陷。

（2）当电池储能站视频离线或故障时，汇报并联系相关人员处理。

7.26.2 安防系统

（1）巡视与检查。

1）检查防盗报警等装置的工作电源应正常，装置信号显示正确，报警系统应按规定开启，定期试验报警装置正常。

2）防盗报警主机各指示灯正常，网络连接完好，交换机（网桥）指示灯正常。

3）红外探测器安装牢固，角度正常，外观完好。

4）红外探测器指示灯正常。

5）红外探测器工作区间无异物遮挡。

6）电子围栏主机各指示灯正常，无异常报警。

7）电子围栏立杆安装牢固，无异常倾斜。

8）电子围栏标牌无脱落，合金导线无断线、连接正常。

9）电子围栏合金导线无异物粘挂。

10）门禁系统及其部件运行正常，使用良好。

11）辅助灯光照明装置联动开启或关闭正常。

12）入侵报警装置运行正常，各项功能正常。

（2）系统或装置故障时，应及时联系相关人员处理。

参 考 文 献

[1] 王兆安，黄俊. 电力电子技术 [M]. 北京：机械工业出版社，2000.

[2] 吴福保，杨波，叶季蕾.《电力系统储能应用技术》[M]. 北京：中国水利水电出版社，2014.

[3] 孙冰莹，杨水丽，刘宗歧，等. 国内外兆瓦级储能调频示范应用现状分析与启示 [J]. 电力系统自动化，2017，41 (11)：8-16.

[4] 李相俊，王上行，惠东. 电池储能系统运行控制与应用方法综述及展望 [J]. 电网技术，2017，41 (10)：3315-3325.

[5] 任洛卿，白泽洋，于昌海，等. 风光储联合发电系统有功控制策略研究及工程应用 [J]. 电力系统自动化，2014，38 (7)：105-111.

[6] 袁小明，程时杰，文劲宇. 储能技术在解决大规模风电并网问题中的应用前景分析 [J]. 电力系统自动化，2013，37 (1)：14-18.

[7] 汪海蛟，江全元. 应用于平抑风电功率波动的储能系统控制与配置综述 [J]. 电力系统自动化，2014，38 (19)：126-135.

[8] CASTILLO A，GAYME D F. Grid-scale energy storage applications in renewable energy integration：a survey [J]. Energy Conversion and Management，2014，87：885-894.

[9] 朱泽锋，赵晋泉，魏文辉，等. 主动配电网中电池储能系统最优充放电策略[J]. 电力系统自动化，2016，40 (20)：47-53.

[10] 沈欣炜，朱守真，郑竞宏，等. 考虑分布式电源及储能配合的主动配电网规划——运行联合优化 [J]. 电网技术，2015，39 (7)：1913-1920.

[11] 胡泽春，谢旭，张放，等. 含储能资源参与的自动发电控制策略研究 [J]. 中国电机工程学报，2014，34 (29)：5080-5087.

[12] 李欣然，黄际元，陈远扬，等. 大规模储能电源参与电网调频研究综述 [J]. 电力系统保护与控制，2016，44 (7)：145-153.

[13] 杨玉青，牛利勇，田立亭，等. 考虑负荷优化控制的区域配电网储能配置 [J]. 电网技术，2015，39 (4)：1019-1025.

[14] 彭思敏，曹云峰，蔡旭. 大型蓄电池储能系统接入微电网方式及控制策略 [J]. 电力系统自动化，2011，35 (16)：38-43.

[15] 鲍冠南，陆超，袁志昌，等. 基于动态规划的电池储能系统削峰填谷实时优化 [J]. 电力系统自动化，2012，36 (12)：11-16.

[16] EYER J，CO R EY G. Energy storage for the electricity grid：benefits and market potential assessment guide [R]. Livermore，CA USA：Sandia National Laboratories，2010.

[17] DIVYAK C. Battery energy storage technology for power systems-an overview [J]. Electric Power Systems Research，2009，79 (4)：511-520.

[18] ED R IS A A，ELIZONDO D，WILKINS C. Tehachapi wind energy storage project：description of operational uses，system components，and testing plans [C]. IEEE Transmission and Distribution Conference and Exposition (T&D)，May 7-10，2012，Orlando，USA：5p.

[19] 吴文宣. 大型电池储能站保护的配置方案研究 [J]. 电力系统保护与控制，2012，40 (18)：144-148.

[20] 高平，许铤，王寅. 储能用锂离子电池及其系统国内外标准研究 [J]. 储能科学与技术，2017，6 (2)：270-274.

[21] 吴宁宁，吴可，高雅，等. 锂离子电池在储能领域的优势 [J]. 新材料产业，2010 (10)：49-52.

[22] 李仕锦，程福龙，薄长明. 我国规模储能电池发展及应用研究 [J]. 电源技术，2012 (6)：905-907.

[23] 汪超，阮海明，曾驱虎. 储能站消防系统：CN201420857008.5 [P]. 2015-07-29.

[24] 张文亮，丘明，来小康. 储能技术在电力系统中的应用 [J]. 电网技术，2008，32 (7)：1-9.

[25] 胡娟，杨水丽，侯朝勇，等. 规模化储能技术典型示范应用的现状分析与启示 [J]. 电网技术，2015，39 (4)：879-885.

[26] 周孝信，鲁宗相，刘应梅，等. 中国未来电网的发展模式和关键技术 [J]. 中国电机工程学报，2014，34 (29)：4999-5008.

[27] 李建林，杨水丽，高凯. 大规模储能系统辅助常规机组调频技术分析 [J]. 电力建设，2015，36 (5)：105-110.

[28] 修晓青，李建林，惠东. 用于电网削峰填谷的储能系统容量配置及经济性评估 [J]. 电力建设，2013，34 (2)：1-5.

[29] 许守平，李相俊，惠东. 大规模储能系统发展现状及示范应用 [J]. 电源技术，2015，39 (1)：217-220.

[30] 徐少华，李建林，惠东. 多储能逆变器并联系统在微网孤岛条件下的稳定性分析及其控制策略 [J]. 高电压技术，2015，41 (10)：3266-3273.